哲学,
为人生烦恼
找答案

〔韩〕黄珍奎 —— 著　赖毓棻 —— 译

한입 매일 철학

PHILOSOPHY
LIFE

中国友谊出版公司

图书在版编目（CIP）数据

哲学，为人生烦恼找答案/（韩）黄珍奎著；赖毓棻译．—北京：中国友谊出版公司，2020.10
 ISBN 978-7-5057-4983-2

Ⅰ.①哲… Ⅱ.①黄… ②赖… Ⅲ.①人生哲学－通俗读物 Ⅳ.① B821-49

中国版本图书馆 CIP 数据核字 (2020) 第 164986 号

한입 매일 철학 © 2018 by 黄珍奎
All rights reserved
Translation rights arranged by Sigongea Co.,Ltd.
through Shinwon Agency Co., Korea and CA-LINK International LLC
Simplified Chinese Translation Copyright © 2020 by Beijing Standway Books Co., Ltd.

书名	哲学，为人生烦恼找答案
作者	[韩]黄珍奎
译者	赖毓棻
出版	中国友谊出版公司
发行	中国友谊出版公司
经销	新华书店
印刷	天津中印联印务有限公司
规格	880×1230 毫米 32 开 8 印张 152 千字
版次	2020 年 10 月第 1 版
印次	2020 年 10 月第 1 次印刷
书号	ISBN 978-7-5057-4983-2
定价	49.80 元
地址	北京市朝阳区西坝河南里 17 号楼
邮编	100028
电话	(010) 64678009

前　言
"追"救了我们

你听过"御宅族"（Otaku）吗？"御宅族"一词曾被用以代指那些沉迷于游戏、模型、玩偶等无用之物，变得不善与人交际的族群，是带有些许贬义的。或许正因为他们终日沉迷于游戏、模型、玩偶等，又成天足不出户，世人才会以日语中代表"贵府"的"御宅"来形容他们吧！但随着时间的推移，"御宅族"开始出现正面的含义。现在"御宅族"指的是热衷于某些特定领域的人，是一群"比专家还要专业"的非正规专家。

是的，我是个"哲学宅"。还在职场时就开始研究哲学，最后竟因哲学大大翻转了我的人生。个性外向又善于交际的我，为了钻研哲学，渐渐开始在社会上进入"无形个人空间"里，将自己孤立于世界之外。最后更是索性辞掉工作，蛰居在名为"写作房"的"有形个人空间"中，成为一个在那里钻研哲学、写写文章的"哲学宅"。

常有人问我:"要养活自己都已经够忙了,你怎么还在研究哲学?"每次一被问到这个问题,我就会想起某位"御宅族前辈"的脸。在"御宅族=loser(输家)"这种想法当道的时期,我也曾问过那位朋友相同的问题:"唉!生活都那么难过了,你还玩什么高达(一般是指SUNRISE制作的系列动画《机动战士高达》及其衍生作品,此处是指高达拼装模型)?"他一脸淡然地对我说:"因为喜欢啊。只要把这些家伙(高达)组装起来,我就觉得精神舒畅。"我钻研哲学的原因,就和朋友收集高达的原因一样。

一直以来,我深信自己活得要比任何人都还认真。然而就在某天,忧郁症像突如其来的车祸般找上门来。这个不速之客不仅给我带来不安、焦躁、无力、失眠、躁郁等症状,甚至还渐渐地蚕食了我的生存意义。它不停地折磨着我。当世界看似越大,我就感觉自己越是渺小。我想摆脱忧郁症,不,我想活下去。但每当我越是挣扎,别说是摆脱了,反而只会越陷越深。

此时,我碰巧认识了一位哲学家。我深深迷上他对人生的确信和渊博的知识、果断的口吻、有如闪电般迅速的洞察力,还有充满魅力的悖论。"御宅族"深究自己喜好领域的行为叫作"追",于是我开始"追"起哲学。一开始,我先是一股劲地买成堆的哲学书,盲目地阅读那些难以理解的内容。接着,在我迷上"追哲学"之后,人生开始出现了惊人的转变。

当然,"追哲学"并不能替我解决现实生活中的问题。但每当我开始研读起哲学，就会感到神清气爽。就像那位"高达宅"朋友，我开始说出"我就是喜欢哲学，它让我通体舒畅"这种话。此时我才了解到"不为实现某个目标进行研究，研究本身就是目标"，它能为我带来很大的乐趣。自学校毕业多年后，我终于明白读书的乐趣。研究哲学的快乐抚平了我的忧郁症，也让我因此迷上"追哲学"，成为一位"哲学宅"。

我想先问一下正在阅读本书的你，现在有没有什么东西让你强烈地想"追"？就像我和朋友追"哲学"、追"高达"那样。有没有什么是可以让你在"追"的当下，感到身心舒畅的呢？如果有，请你立刻合上这本书，不要在乎别人的眼光，马上去"追"它！不管"追"的是什么，都会让我们得到救赎。因为拯救我们的并非那为了实现目标的手段，而是成为目标本身的"它"。

若你现在还没有什么特别想"追"，不妨和我一起"追"哲学吧！希望我这个"哲学宅"能带着你一起感受"追哲学"的乐趣。期盼你也能一起体会不过轻也不过重的生活乐趣与哲学的快乐。说不定你也能透过哲学之乐，得到犹如骑上魔法扫帚般的神奇体验，摇身一变成为一个不同以往的人。

二〇一八年二月七日

哲学宅　黄珍奎

序
将哲学变成工具的方法

> 哲学分为从幸福得到灵感的感情哲学、从知识得到灵感的理论哲学、从行动得到灵感的实践哲学。
>
> ——伯特兰·罗素
> 《西方哲学史》(*A History of Western Philosophy*)

英国哲学家伯特兰·罗素(Bertrand Russell)曾向非主修哲学的人解释过这种实用的哲学分类。根据他的分类法,可将哲学划分为"感情哲学""理论哲学"和"实践哲学"三大类。罗素说的这三种哲学各自代表什么呢?

"感情哲学"是回答"人生是幸福的,还是不幸的?"或"人生要如何才能得到幸福?"这些问题,是关于幸福的哲学。"理论哲学"正如字义所述,是重视知识,具备一套自己的体系,是一种关于理论的哲学。凡是具有伟大体系的哲学大多都属于这类。

"实践哲学"则认为将知识用于实践生活非常重要,是重视行动的哲学。也就是说,对实践哲学而言,知识只是用于帮助实践成功的工具之一。

我想问问各位,我们当前所需的是哪种哲学呢?依据罗素的分类法而言,我们需要的是感情哲学和实践哲学。若说理论哲学深入于"知识",那感情哲学和实践哲学就与"生活"息息相关。

对目前的我们来说,重点不在于"知识",而是"生活",所以该将目光放在感情哲学和实践哲学上。我们必须询问自己"何谓幸福?""如何才能得到幸福?"(感情哲学),以及"要采取什么行动才能得到幸福?"(实践哲学)。我想在此稍改一下罗素的哲学分类法,将理论哲学称为"知识哲学",感情哲学和实践哲学则称为"生活哲学"。

从现在开始,各位将会了解到一些"生活哲学",也会接触到属于"知识哲学"一环的众多哲学家和哲学概念。但你们不需在意理论,只要思考这些"知识"可以给我们伤痕累累的"人生"带来什么帮助,专注于"生活哲学"即可。

将"知识"与"生活"联结,还有将哲学"知识"运用于"生活"中,这两种态度贯穿了全书。只要加以掌握,哲学就能成为生活中最可靠的工具。"如何将哲学落实于生活中",正是我向往的哲学,我想将它传授给各位,希望你们能借此回顾自己受伤的人生，治愈那些伤口。同时也盼望你们能学会如何在冷漠的世道中保护自己，尽可能减少那些无法避免的伤痛。

说得更贪心一点，希望各位能借由本书了解哲学的用途——可以改变人生的"生活技巧"。希望我传授的"生活哲学"能成为你们的"生活技巧"，也真心盼望这封瓶中信能让你们活出比昨天更健康、愉悦和自在的未来。

目 录
CONTENTS

01 我们有办法摆脱成见和偏见吗
——笛卡儿的"我思故我在" 01

02 你想得到别人的关注吗
——帕斯卡的"虚荣" 12

03 做喜欢的事情可以成功吗
——斯宾诺莎的"自我完善力" 23

04 我能成为一个好人吗
——休谟的"同情心" 35

05 凡事一定得亲自体验过才行吗
——康德的"先验" 46

06 要如何找到"我"
——费希特的"自我" 59

07	该选择梦想还是现实	
	——黑格尔的"辩证法"	71
08	努力就会有所不同吗	
	——马克思的"历史唯物论"	82
09	人生如何不受风向影响	
	——尼采的"权力意志"	90
10	一定要先思考过才能开口吗	
	——索绪尔的"语言"	100
11	为何无法操控心绪	
	——弗洛伊德的"超我"	112
12	时间为何总是不够用	
	——柏格森的"绵延"	122
13	男人和女人为何如此不同	
	——拉康的"神经症"	134
14	为何在工作时会感到畏怯	
	——阿图塞的"意识形态"	146
15	找到天职就能得到幸福吗	
	——萨特的"脱存"	158
16	人生一定要有计划吗	
	——列维-施特劳斯的"博艺不精者"	172
17	有办法和讲不通的人沟通吗	
	——维特根斯坦的"语言游戏"	184

18 **如何克服低潮**
——托马斯·库恩的"范例"　　　　　　　　　　195

19 **明明很自由，为何还会烦闷**
——福柯的"生命权力"　　　　　　　　　　　208

20 **你想要重置人生吗？**
——德勒兹的"配置"　　　　　　　　　　　　222

后记／不经意学到的西方哲学史　　　　　　　　　237

 **01　我们有办法摆脱成见和偏见吗**

——笛卡儿的"我思故我在"

"天下的男人／女人都一样！"这句话正确吗

"一看就知道他是个疯子！""辞掉工作就会活不下去！""天下的女人／男人都一样！""只要有钱就能得到幸福！"这些话无论是否说出口，总是有人这么想。然而这样的想法正确吗？那些看似疯子的人，真的疯了吗？如果辞掉工作，真的就活不下去了吗？天下的女人／男人全都一样吗？只要有钱，就一定能幸福吗？答案是否定的。这些想法大多是先入为主的成见或偏见。

那些"一看就知道是个疯子"的人，或许只是稍微敏感些，人生准则与我们不同而已；也有很多人在辞掉工作之后，反而过得更好；这世界有很多女人／男人身上并不具备女人／男人的特质；还有不少因富有反而招致不幸的案例。这些被认定为有既定答案的想法，其实大多属于成见或偏见，甚至还可能会阻碍我们掌握人生的真谛。话说回来，人们为何会产生这样的想法？

为何会有成见和偏见？

⇌ 哪一条线比较长？上面那条线看起来比较长吧？但其实两条线的长度一样。这种视觉上的错觉，正好显现出人类"知觉"（视觉、听觉、嗅觉、触觉）的不完整。重要的是，知觉上的不完整，有时会延伸至"意识"（想法、判断、信念）上。这是怎么回事？进行思考和判断时需要情报信息，而我们是借由感官的知觉来获取所需的信息。若知觉有误，获取的信息也会跟着出错。在情报有误的情况下，不管再怎么思考和判断，都无法让意识完整。

简单来说，就是视觉、听觉、嗅觉、触觉这些"知觉"的不完整，造成了思考、判断、信念等"意识"的不完整，这就是成见与偏见的主因。因为人类的知觉能力不完整，只能获取有限或已受到扭曲的信息，透过这些信息所组成的意识，自然就跟着受限或扭曲，而最能展现上述意识极限的代表物，就是成见或偏见。

多数人认为自己没有成见，也相信自己能够看见世界的真貌。但人类的知觉能力原本就不完整，根本没有人是不带任何成见或偏见的，因为世上没有人可以完整认知"超越自身生活脉络之外"的事物。因此，任何人都会有成见和偏见，也无人能克服这一点，那么，难道我们可以因此而置之不理吗？要回答这个问题，其实并不容易。

成见和偏见带来不幸

虽说每个人多少都会带点成见和偏见,但我们必须努力克服这点才行,唯有如此,人生才会得到幸福。被认为是"一看就知道是个疯子"的人,很可能只是比较敏感的好人,我们却很可能因为既有的成见,和对方产生无法挽回的不幸关系。

"如果辞掉工作就会活不下去"这个偏见又如何呢?离不开让肉体和灵魂双双窒息的工作场所,像这般不幸的生活或许就是源自此种偏见。

"天下的男人/女人都一样!""只要有钱就能得到幸福!"也是同样的道理。前者可能会阻碍我们与新认识的异性发展出一段丰富多彩的感情关系,后者更是完全阻断了我们"追寻金钱以外的价值来让生活变得更幸福"的机会。请想一想,在认识新的异性之后,无法和对方共谱爱曲的人生,说不定就是由"天下的男人/女人都一样!""只要有钱就能得到幸福!"所导致。因此我敢断言,"被成见与偏见束缚得多深,就有多不幸;而能够克服多少成见与偏见,就能得到多少幸福"。

话虽如此,我们又该如何克服既有的成见和偏见呢?这里有一个方法,就是"怀疑"。只要怀疑,学会从头怀疑自己深信的一切就行了。透过怀疑的过程,逐渐摆脱那些支配想法的成见。现在来认识一下被称为"怀疑的哲学家"——普遍怀疑这世上所有一切的哲学家——勒内·笛卡儿(Rene Descartes)。

怀疑一切的哲学家——笛卡儿

笛卡儿认为对所有一切都必须持有怀疑。"我假设有一个能力和计谋超群，又懂得工于心计的恶魔，用尽全部力量来欺骗我。"从这句他说的话就能看出他打算要怀疑一切。笛卡儿先是推翻思维的所有基础，不仅是透过感官知觉的部分，连最确切、最肯定的一切，都被他视为怀疑的对象。举例来说，他曾怀疑"'二加三等于五'，也可能是一个错误的结论"。

让笛卡儿如此极端怀疑一切的原因为何？笛卡儿认为哲学必须为不可靠的知识提供可靠的基础。简单来说，就是他认为想要抵达"可靠知识"这个目的地，就必须先确保踏出的第一步是"没有任何怀疑余地的"才行。若不小心走错了第一步，误信广为流传的不可靠见解，最后就会被引导走向莫名其妙的目的地。这和一开始把九九乘法表背错，之后的算法会跟着错是相同的道理。

对笛卡儿而言，哲学绝对不能有误，哲学的出发点必须要显见又确凿才行，因此他坚信必须要普遍怀疑直到最后一刻。笛卡儿想要透过持续不断的怀疑，找出绝对"不可怀疑的""足以作为所有思维起点的"那种东西。但它究竟存在吗？这世上会有"在任何情况下都显见又确切"的东西吗？

若是站在怀疑论的角度来看，世上不会有确凿的东西。"天鹅是白的"是一项不容怀疑的事实吗？怀疑论者会这么问："要是有黑天鹅，那怎么办？"对怀疑论者而言，"天鹅是白的"并非确凿的事实（真理），只不过是黑天鹅还没出现而已。事实上，笛卡儿也受到怀疑论者的攻击,但他可不是简单的"怀疑的哲学家",即便在怀疑论者的顽强攻击下,他也未曾放弃,最后终于找到那个"不可怀疑、显见又确凿"的东西。看笛卡儿是怎么说的:

> 我下定决心要认定那些进入我心绪内的所有东西,都和出现在梦中的幻影一样地不真实。我也因此发现:像这样认定所有一切都是虚假的我,必须得先是某种存在才行。由于"我思故我在"(cogito ergo sum)这项真理十分确切又可靠,任何一条怀疑论者的荒谬假定都不足以动摇它,因此我毫不犹豫地采纳它作为我寻求哲学的第一原理。

——《方法论》(*Discours de la méthode*)

笛卡儿的"我思"(cogito)

即使没听过笛卡儿的名字,也一定听过"我思故我在"这句名言。笛卡儿发现绝对不可怀疑的东西就是 cogito,意为"思考",源自拉丁文"cogitare"的第一人称形态,就是"我思考"的意思。虽然可以怀疑世界上所有一切,但绝对不可怀疑的就是"正在怀疑的自己"。笛卡儿发现了一项事实:不管用什么方法,都不能怀疑正在"怀疑"的自己本身。

笛卡儿将"我思"视为哲学起点,想以此出发,透过后续必然的演绎,达到无法争论的真实。如果问他:"要如何摆脱成见?"他说不定会回答:"除了'正在思维(怀疑)的自己之外,怀疑所有的一切吧！"诚如笛卡儿所言，当我们开始怀疑"我思"之外的所有一切，就已经在一步步地摆脱有如诅咒的成见。

看到这里，你或许会感到诧异。在现今这个冷漠的世界上，不会怀疑的人早已不复存在，甚至可以说这是一个"没有信任"的时代。那么，为何我们活在充满怀疑的世上，却还难以摆脱成见呢？这个问题必须从"怀疑的态度"上寻找答案，而非怀疑本身。为了进一步探讨，暂且把话题转回笛卡儿身上。

"我思"的真实含义

"我思"这个概念从哲学史的脉络看来，其实有很多局限。即使如此，笛卡儿仍在历史上占了重要的地位，被誉为"现代哲学之父"，他给中世纪哲学画下了句号，并开启了现代哲学之门。而他又为何被称为"现代哲学之父"呢？

中世纪是以上帝为中心的时代，顾名思义就是"以上帝为父"，是个相信"神谕就是真理，世间万物都必须依照真理而行"的时代。也就是说，我之所以存在，当然是因为上帝，但在此我们可以找出隐藏在"我思故我在"背后的含意。让我们再次思考这句名言"我思故我在"，也就是所谓的"我思考，所以我存在"。

这句话在中世纪时期的意思是什么？在当时这是一句反动、不敬并否认上帝存在的言论。"我"必须要因"上帝"而存在，但当时笛卡儿却要从"思维"（理性）中找出"我"所存在的理由！这代表他想说的是："人类并非因'上帝'而存在，而是因'理性'

（思维）才会存在。"这对当时以上帝为世界中心的时代来说，可谓最不敬、最危险的言论。

隐藏在"我思故我在"背后的含意就是"怀疑的态度"，而笛卡儿想要阐述的"怀疑的态度"又是什么？就是要我们勇敢地去怀疑那些"让我们熟悉且舒适的生活产生动摇"的东西。对生活在中世纪的笛卡儿来说，"我思故我在"是个非常危险的怀疑，当时有位哲学家乔尔丹诺·布鲁诺（Giordano Bruno），正是因为怀疑上帝的存在而被活活烧死。笛卡儿也曾被举报，说他是宣扬无神论的危险分子，由此可见他这一句话是多么危险。

怀疑与深信不疑的事物

现在我们对很多事物都持有怀疑，却仍无法摆脱成见与偏见。我能够理解个中道理，我们对那些让自己生活合理化的熟悉舒适的一切完全深信不疑。例如对于"他是个疯子！"这句话就是如此，我们必须深信于此，才能把"谴责、轻视对方人生这件事"合理化。我们也不去怀疑"只要有钱就能得到幸福！"的偏见，唯有如此，我们才能继续过着"为了赚钱而愿意做任何事情"的熟悉生活。

这其实不难理解，当我们在产生"他或许不是个疯子"的怀疑瞬间，可能就同时否定了自己过去一直谴责与轻视对方的行为。当开始思考"或许没钱也能幸福"的瞬间，可能就同时否决了自己从过去至今一直作为赚钱机器而活的生活方式。一般来说，我们无法忍受推翻自己，因为这必然会让现在的生活变得陌生不便，甚至还可能因此陷入险境。我们的怀疑与笛卡儿所指的怀疑完全不同，准确来说，是怀疑的"态度"不同。

我们对那些"推翻熟悉生活而使生活变得陌生，甚至造成危险"的事物坚持怀疑到底。

"拥有得少也是一种幸福！""离开职场，就能看见全新的生活！""爱情可以使人改变！"我们对这些话怀疑不已，理由非常简单，因为这些话会推翻以往的生活，让自己的生活变得陌生、不便，甚至还可能陷入困境。我们怀疑的往往都是具备"颠覆舒适圈"特质的事物，最矛盾的是，这些怀疑反而只会加深成见与偏见。

鼓起怀疑的勇气

要摆脱成见与偏见，就只有"怀疑"这条路可走，但并非所有怀疑都能让人成功摆脱成见。如同笛卡儿以"怀疑"脱离中世纪，开启近代之门一般，我们也必须勇敢地去怀疑那个熟悉、舒适又平稳的生活，还有将这种生活合理化的所有一切。我们必须要有所怀疑，比如"熟悉的家或许正是我们不幸的根源""感情稳定不正代表了爱情已逝？""安定的职场或许正在蛀蚀着我的灵魂"等。

唯有这些怀疑才能瓦解心中如城墙般巩固的成见。但要做到如此，我们需要有勇气才行，因为"得以让成见产生裂痕"的怀疑，必会推翻我们的人生，让它因此变得陌生、不便，甚至会让我们陷入困顿。但"敢怀疑的勇气"能让我们摆脱成见，拥有这种态度，反而比"怀疑"本身更加重要。

若没有这般勇气，不管再怎么怀疑我们都无法放下成见，反而还可能使成见变得更为坚固。康德之所以会指出成见是"不愿自己思考因而采取的被动理性"，也是"不想去判断事情是否客观"，或许就来自于此。"勇敢地求知！鼓起勇气去使用自我理性吧！"康德的喊声仿佛缭绕于耳。没错，我们会被成见绑架，滞留于不成熟的状态，并不是我们的"理性"（怀疑）出了问题，而是"勇气"。

说不定笛卡儿真正留给我们的遗产，并非"我思故我在"的哲学概念，而是"怀疑的勇气"，让我们得以告别熟悉、舒适的环境，勇敢怀疑一切可能会招致陌生、不便、危险的事物，我们该从他身上学习这些哲学："严格怀疑的态度"以及"拒绝依附权威的态度"。期盼各位能以这两种态度逐一去除身上固执的成见，迎接更加光明愉悦的人生。

哲学家指南：笛卡儿

若想更进一步了解笛卡儿，就要先探讨"心智"和"延长"的概念。想要准确掌握这两个概念，就必须先了解"实体"。"实体"意指即使外在发生改变，外观看似他物，内在却依旧不变的"本质"。它最大的特征在于：虽然会产生其他变化，却不会依存于任何东西。接下来的解释会简单许多：想一下装在杯子里的水，水的形状虽然会依据杯子外形而有所不同，但身为"水"的这项本质却不会改变。水虽然会因杯子形状而产生各种变化，却不会依存于任何东西，因此可以说水就是一个"实体"。

笛卡儿主张所有事物都有两种"实体"："心智"和"延长"（笛卡儿的"心物二元论"指的正是假设有两个实体）。"心智"指的是在物理上不占据任何空间的实体，"延长"指的则是物质和物体最重要的特性——会占据空间地位。在笛卡儿的哲学体系中，所有一切都可以使用"心智（思维）——延长（物质）"的心物二元论观点诠释。

人类这个实体也是如此。对笛卡儿而言，人类就是由名为肉体的"延长"与名为灵魂的"心智"两种实体所组成。这里要注意的是：笛卡儿认为心智（灵魂）比延长（肉体）更重要，他认为人类的灵魂中因为拥有"先天观念"，所以本身就是个健全的存在。对他而言，所谓的"我"就是"正在思考的我"，等同于灵魂的存在，所以问题出在肉体（延长）上。

我们的意识会清楚知道"不能窃取别人的物品"，因为它是健全的，但偶尔还是会出现窃取他人物品之人。虽然人类的理性（灵魂／意识）是健全的，但仍会有人做出非理性的行为。笛卡儿使用肉体（延长）来解决这个逻辑上的矛盾。

他评断人类的灵魂在现实中无法健全，都是出自肉体的缘故，是人类因拥有肉体所出现的本能（饥饿）、情感（忌妒）、欲望（偷窃）等，扰乱了我们的理性。因此笛卡儿深信，想要发挥健全的灵魂（理性），就必须先控制和压抑肉体上的一切。

笛卡儿曾说道德学是最高的学问，这个结论对他来说再理所当然不过了，因为严格的道德规范可以最有效地控制肉体。就如同人类想要支配大自然，就得先了解大自然一般，笛卡儿主张，为了让灵魂得以顺利支配肉体，必须先了解肉体，了解如何控制肉体的本能、情感、欲望，并调节其力量。

比起笛卡儿的哲学，我们更该注意到他留给我们的思考和启发。无论有意或无意，我们都具有以肉体和精神来区分他人的倾向，不是吗？我们会倾向认为精神上的行为（读书、思考）较为高尚、出色；肉体上的行为（性、睡眠）则较为肤浅，必须压抑。会认为与精神相关的行为较为重要且珍贵，与肉体相关的行为则必须忍耐和压抑，不正是笛卡儿留下的成见和偏见吗？

 **02　你想得到别人的关注吗**

——帕斯卡的"虚荣"

我们为何如此沉迷社群网站？

不论在家，还是到餐厅、旅游景点等任何地方，常常都能见到"自拍"的景象——人们拿着手机或数码相机拍个不停。而且还不是随便拍拍就好，必须先巧妙地调整一下角度，遮掉看似"平凡无奇"的背景，刻意凸显"引人注目"的部分。当然也不能忘记要时时刻刻露出脸部最完美的角度，以及最美、最幸福的表情。对了，还有一个重点，就算是自拍，也要拍得像是出于他人之手才行。拍完照片，就剩最后一道"修图"的程序，必须得调整好照片的滤镜，尽可能营造出氛围后，才可以上传到社群网站。

现在是Facebook、Instagram、Twitter等社群网站当道的时代，是一个让人费解究竟是去餐厅用餐才拍照，还是为了拍照才去餐厅用餐的时代。为何人们要在这件事上投入如此多的时间和精力？我曾问过那些总是自拍个不停，还会上传到社群网站的朋友们，他们的答案通常都是"因为我喜欢拍照"或"因为我想留下宝贵的回忆"。说的也是,喜欢拍照还需要什么特别的理由吗?

但这似乎有点吊诡,仔细观察那些回答"因为我喜欢拍照"的人,会发现若他们不喜欢当天的穿着或是素颜,就不会拍照。回答"想要留下宝贵回忆所以上传到社群网站"的人也是如此,若真想留下回忆,只要把拍好的照片收藏起来不就得了,何必非得利用与他人一起创造美好回忆的时间,修图上传到社群网站呢?如此说来真是前后矛盾,究竟是什么原因能让人们如此沉迷社群网站呢?

帕斯卡的"心"

哲学家布莱士·帕斯卡(Blaise Pascal)能替我们解答。帕斯卡是一位数学家,也是一位物理学家。面对"为何会如此沉迷社群网站和自拍"的问题,他或许会回答说:"因为人类是拥有虚荣的心(coeur)的存在。"我们需要再更深入了解"虚荣"和"心"这两个概念,才能理解这句话的真实含义。帕斯卡的"心"的概念其实并不陌生,简单来说,只要把它想成是"现在想哭的'心情'"的"心"就好了。先看帕斯卡是怎么说的:

> 心有着自己的理由,不为理性所了解,我们可以从许多事情看出这点。我认为心情是随着心之所向而自然爱上普遍存在的形象或是自己。

——《思想录》(*Peenśees*)

帕斯卡说"心有着自己的理由,不为理性所了解",是将心和理性一分为二。若以哲学史的角度来看,这种说法可说是在攻击笛卡儿的理论。当笛卡儿阐述"我思故我在"的概念时,主张人类是理性的存在,是合理又透明的存在。但帕斯卡的看法不同,他主张人类是一种受到"心"影响更甚于"理性"的存在。他指出人类涵盖了理性和心两个层面。若将理性称为"几何学精神",心就是"敏感性精神"。这听起来有些难懂,我就再解释得更简单一些。

若说"理性"是人类都有的普遍潜在能力,那"心"就属于个人固有的感性直觉与判断能力。只要学过几何学,任何人都可以应用,但"敏感性精神"却属于个人固有的东西。试想一下前面提到的"想哭的心情",这句话包含了某人感觉快哭出来的"感性直觉"以及现在正处于这种状况的"判断能力"。换句话说,"心"可谓独一无二又固有的"情感"。

这就是帕斯卡说的"人类并非理性,而是会受到心所影响的存在"。其实我们内心都很明白,帕斯卡的理论较笛卡儿的学说更贴近于现实生活。会受情感左右而做出各种事情来的,不正是人类吗?虽然"理智上"知道现在不能哭,但"情感上"却无法忍住泪水的,也是人类。诚如帕斯卡所言,人类绝非理性的存在。

帕斯卡的"虚荣"

帕斯卡让我们知道人类并非理性的存在,而是感性的存在。

"我认为心情是随着心之所向而自然爱上普遍存在的形象或是自己。"他这段话道出人类经由心爱上"普遍存在的形象"(神)或"自己"。同时也意味着无法从"心"这道枷锁逃脱的人类,最终必然只能爱上普遍存在的形象(神)或自己。

这里暂且不谈"普遍存在"的议题,先将焦点集中于爱"自己"。人类是受到情感左右的存在,自然会爱自己。但这里有个严重的问题,那些爱自己的人会盼望他人也能爱着自己。不,说不定是他人爱我们有多深,我们才会用相同的程度爱自己。总而言之,人类是感性的存在,因此最终只能不停地渴求他人的关爱。

这就是"虚荣"的真面目,因为人类是感性的存在,所以会爱自己,同时也会冀望得到他人的爱,这样的联结让人类沉迷于虚荣之中。看帕斯卡对于虚荣是怎么说的:

> 虚荣是深植于人类内心深处的东西,因此无论是士兵、下人、厨师或是工人,都盼望得到他人的喜爱与赞美,甚至哲学家也希望能有人赞颂自己。那些动笔驳斥本书的人,也盼望自己能得到文笔出众的美誉。而阅读本书的人们,则是希望得到"读过这本书"的荣耀。说不定就连正在写这篇文章的我和阅读这篇文章的你们,也怀抱着与他们相同的冀望。
>
> ——《思想录》

无人能摆脱虚荣

若说将人类视为理性存在的笛卡儿过度天真,那么将人类视为无法摆脱虚荣存在的帕斯卡就过于无情。虽然这样的说法未免有些尖锐,但帕斯卡曾冷嘲热讽地做出"所有人都无法摆脱虚荣"的评论。"虚荣"就像空心的花,金玉其外、败絮其中的花朵正是虚荣的化身。"虚荣"指的就是想要将自己的外表装扮得比原本更加光鲜亮丽的一种心态。人类无法摆脱此种心态,为什么?因为他们相信必须这样才能博得他人喜爱。

现在我们终于可以理解为何人们会沉迷社群网站和自拍了,因为人类就是满怀虚荣心的感性存在,会拼命将自拍照上传到社群网站,其实不是因为喜欢拍照,也并非想要留下回忆,而是出自虚荣。因为想要将自己的外表打扮得比原本还要光彩夺人,想要这样爱着自己,即使没有内在,还是想要以光鲜的外表来引人注目。

只有沉迷于社群网站和自拍的人如此吗?其实所有人都虚荣。只有执着于美丽的外表才叫虚荣吗?不,反过来也是一种虚荣,"内在比外在重要"这句话有时也很虚荣。那些从小就被他人嘲笑长得丑的人,正因为相信自己的出彩点不是出于外在而是内在,才会说出这般言论。所有的人都一样。韩国的绝世逃犯申昌源(一九八三年至一九八九年因强盗致死罪被捕,一九九七年从洗手间逃狱。当时警方出动了九十七万名人员和直升机都无法缉捕他。他在一九九九年被一名瓦斯工人举报后遭逮捕)也会期望听到有人说他正义，独裁的朴正熙也想听到有人说他是一个伟大的领导者。甚至曾在书中提及想隐居山林的哲学家，也会因书上漏掉自己的姓名而沉不住气。

自拍与社群网站其实属于某种自残行为

任何人都无法摆脱虚荣，难道我们只能照单全收吗？这问题值得深思。韩国哲学家韩炳哲曾发表"自拍和自残出于相同原因"的言论。他点出，这是个"为了填补内心的空虚而外出自拍，再回家自残"的社会。虽然这个说法似乎有点偏激，但某些部分却让人赞同不已。

"缺少他人关注、认同或称赞，就无法真切感受到自己正活着"，因此经营社群网站的行为，其实和"没有肉体上的疼痛，就无法感受到自己活着"的自残举措相似得令人惊讶。事实确实如此，将照片上传至社群网站的同时，又忍不住去浏览他人那生活看似精彩幸福的网页。在此过程中，逐渐感到自己的生活似乎没那么幸福与富足，所以努力地想要拍出看起来更幸福、更美满的照片。如此的恶性循环和逐渐扩大的自残行为又有何异呢？

那我们该怎么做？尽量避免使用社群网站和自拍。为了受到他人关注、认同和称赞而捏造出幸福美满的生活，这种行为必然会带来更大的不安、空虚和寂寞。正如一朵空心的花，虽然一时看似美好，但本身却多么危险！在此又令人不免怀疑，这真的可能办得到吗？诚如帕斯卡所言，人类是无法摆脱虚荣的存在，所以无法停止自拍以及经营、浏览社群网站，或做出为了得到他人认同和赞美的虚荣举止。

你在进行哪种"为承认而斗争"

正如前述，我们遇到了进退两难的情况：人类虽然因虚荣而饱受更大的不安、空虚和寂寞的折磨，却又难以摆脱这种虚荣心，只因为人类是感性的存在。那该如何是好呢？可不能就这样把吞噬我们的虚荣照单全收。"求注者"这个用语最近在韩国非常流行，是"求关注者"的简称，专指为了得到他人关注而不择手段的人。为了吸引世人注意，他们甚至不惜拍摄自残影片并上传公开，像这样毫无过滤、完全盲目接受虚荣的极端族群，就叫"求注者"。

但我们还有希望，就算人类无法完全摆脱虚荣，至少可以选择虚荣的种类。有一个概念叫作"为承认而斗争"（Kampf um Anerkennung），它其实不难理解。以主人和奴隶为例，对主人来说有两种不同的虚荣选项：第一种是"我是一百个奴隶的主人"，另一种是"我是受到奴隶爱戴的主人"。

要满足前项非常简单，只要继续当一个压榨奴隶的主人就行。但若要满足后项，可就不容易了。为什么？因为他无从得知奴隶为何愿意待在自己身边，只因他们的身份是奴隶，还是因为他们真心爱戴自己。就如同无法得知强掳而来的女人是否爱着自己一样。若主人想要满足后项虚荣，该怎么做呢？答案令人诧异，就是必须先舍弃前项的虚荣才可能做到。简单来说，想要满足"我是受到奴隶爱戴的主人"，就得先解放奴隶，让他们重获自由，才能从根本上满足后项的虚荣。

面对虚荣时应有的心态

要选择哪种虚荣才好？我们先回顾一下虚荣的机制，它是一种想要从他人身上得到关注、认同或称赞的情感。没有人能成功摆脱名为"虚荣"的情感，但都具有选择"想要得到谁的关注、认同或称赞"的权利，我们的人生会根据这些对象的不同，而出现显著的差异。对方该是哪种人？必须是能够和自己建立起"真正关系"而非"表面关系"的人。

一个人要是想满足"我是一百个奴隶的主人"的虚荣，终究只会变得更加不安、空虚和寂寞。为什么呢？他想要得到谁的关注、认同或称赞呢？应该是路过的村民、比邻而居的城主等非特定人群吧。这些人别说是内心话了，可能连他的名字都叫不出来，他的对象就是这些和他建立"表面关系"的非特定人群。这和"把使用社群网站说成是某种心理上的自残"是相同的道理，那些我们想展示照片的对象，不都只是一些和自己建立起"表面关系"的非特定人群吗？会上社群网站，就是"想要得到非特定人群的关注、认同或称赞"的体现，所以终究只会招来不安、空虚和寂寞。

反之，想满足"我是受到奴隶爱戴的主人"这种虚荣的人，他的不安、空虚和寂寞的程度会较前者低。他想得到谁的关注、认同和称赞呢？是那些可以和自己分享内心话、一起听音乐、一起读诗和小说的朋友——能和自己建立"真正关系"的对象。有些人拍照上传到自己的社群账号，但他们的这种行为并非心理上的自残，因为他们的动态仅和重要的人分享。惊人的是，这种虚荣并不会带来不安、空虚和寂寞，反而会让人因此感到满足和幸福。

你想摆脱不安、空虚和寂寞吗？那就别上社群网站，试着和身边的亲友们分享自己精心拍摄的照片如何？我们都无法摆脱虚荣，但即便如此，也不要不分对象地随意向人讨关注、认同和称赞。若想继续从"表面关系"满足虚荣，只会成为可怕的"求注者"。就从那些和你建立起"真正关系"的人身上满足虚荣吧！如果想过得比昨天更幸福，第一件要做的事情，就是去寻找可以和你建立起"真正关系"的人。

这里还有一点希望各位铭记在心：无论何时，"真正关系"指的就是"相爱关系"！我现在终于知道，为何情人总会让我们变得如此幸福，唯有与自己相爱的人建立起"真正关系"，从中得到的虚荣才能给我们带来幸福。虽然虚荣像是对我们下了诅咒，总是带来不安、空虚和寂寞，但有一种状况例外——就是相爱的人！只有在他面前得到的虚荣才是例外的，唯有这种虚荣可以为我们带来幸福，所以尽情地在你爱的人面前享受虚荣吧！

哲学家指南：帕斯卡

若想要再更进一步了解帕斯卡，就要探讨前面跳过的有关"普遍存在"（神）的内容。容我先简单介绍一下《思想录》，它分为前半段和后半段两个部分，前半段的内容为"无神之人的悲惨"，后半段的内容是"与神同在之人的幸福"。帕斯卡在《思想录》前半段阐述了人类的虚荣、悲惨、荒谬，并毫不掩饰地指出人类残忍、丑陋、善变等不好的一面。

若说笛卡儿认为人类是理性的存在，过于吹捧人类；帕斯卡认为人类是满怀虚荣的存在，就过度贬低人类。帕斯卡为何要这么做呢？原因非常简单，因为他想将普遍存在的神唤回，他是为了阐述后半部"与神同在之人的幸福"才这么做。他想问："人类这么悲惨，真的还认为不需要神吗？"

帕斯卡想问的是：这世界住满了卑怯、荒谬的人类，若没有神的存在，人类的生活将会变得多么丑陋？他在《思想录》后半段里谈论到神，我能理解他为何会直说：

"我认为心情是随着心之所向而自然爱上普遍存在的形象或是自己。"因为他想要传播对神的信仰，为了将神的必要性合理化，刻意突显人类虚荣、贪婪、猜忌、善妒、残忍等黑暗的一面。

帕斯卡替基督教辩护，主张"对虚荣又充满虚伪意识的人类来说，若神不在，就不存在任何希望"。他最初想表达的是："若想摆脱虚荣，就需要神。"但有趣的是，他没想到这个计划最后会完全偏离原本的意图，走向另一个全然不同的方向。

帕斯卡在哲学史上处于一个奇妙的支点。他想向不再信神的"近代"人宣扬神的必要性，好让众人开始正视人类原始的样貌，这代表他其实想回到信仰神的"中世纪"。多亏了他的努力，哲学得以迈向认知人类并非理性存在，而是某种感性又不透明存在的"后近代"。帕斯卡想从"近代"回到"中世纪"所做的努力，反将我们带领到"后近代"的门前。哲学史果然就像人的生平般饶有趣味。

 ## 03 做喜欢的事情可以成功吗？

——斯宾诺莎的"自我完善力"

不能只做自己喜欢的事！

"不能只做自己喜欢的事！"

当我决心要成为一位作家而离开赫赫有名的公司时，这是我听了不下百次的一句话。每当我被问及："为什么要辞掉那么好的工作？"我就会回答对方："因为我喜欢写作。"

没错，世人总说"不能只做自己喜欢的事"，这句话带有"只做自己喜欢的事情，就无法成功"的意思。而我们常说的"成功"，其实网罗了各种不同的含义。

对一些人来说，拥有财富和声望才叫成功；但对另外一些人来说，打理好一个平凡的家庭就是成功。甚至有的人会认为，只要能够赚钱挣口饭吃就很成功了，所以成功其实就是"达到自己向往的人生状态"。我现在明白为什么人们总说只做自己喜欢的事情无法成功，因为他们相信做自己喜欢的事，就达不到内心向往的人生状态，所以否定那些事情。

但真是如此吗？做自己喜欢的事情就无法成功吗？做自己喜欢的事情、遇到契合的人或令人开心愉快的事，就无法达到心中向往的人生状态吗？依照世人的说法，只要与不喜欢的人共处，忍受自己讨厌的工作，在克服了所有的一切后，就能赚大钱、获取名声，甚至是拥有圆满的家庭？或是至少还能混口饭吃？又或是要按照那些喜欢妥协的人所说，为了做自己喜欢的事情，就得先忍受自己讨厌的事？

感性与欲望的哲学家——斯宾诺莎

"压抑自己喜欢的事物，对讨厌的事情忍气吞声，就能达到所谓的'成功'吗？"这个问题就交由斯宾诺莎（Baruch de Spinoza）来为我们回答。哲学家斯宾诺莎主张"神即是自然"的"泛神论"，以及精神与肉体合一的"一元论"（平行一元论）。笛卡儿主张理性与心灵的重要性，斯宾诺莎则是早早就指出了感性与欲望的重要性。看他是怎么说的：

> 所谓欲望，就是在可掌握的范围内，依据人类本质原有的情感，决定该做什么事情的人类本质。
>
> ——《伦理学》

斯宾诺莎不但不否定欲望，反而将它视为"人类的本质"。那么，他会如何回答"做喜欢（想要做）的事情可以成功吗"？

"当然有成功的可能，所以就顺着自己的感觉和欲望行动吧！"斯宾诺莎的回答听起来令人感到有些陌生，甚至有点不负责任。我们先来回顾一下自己的人生吧。

学生时期就硬逼着自己读讨厌的书。长大成人后，为了养活自己，只好硬逼自己去做讨厌的工作。这样的我们，当然会觉得斯宾诺莎的回答听起来陌生又不负责任，毕竟我们深信：正因为压抑了喜欢的事情，忍受讨厌的工作，现在才得以过着虽说不算成功却还过得去的生活。斯宾诺莎的言论，对于长久以来压抑着感性和欲望生活的我们来说是十分陌生的。再来多听听他是怎么说的。

斯宾诺莎的"自我完善力"

斯宾诺莎以"自我完善力"（Conatus）来解释自己的哲学。何谓"自我完善力"？来看一下《伦理学》的内容："事物想让自己的存在延续下去的努力（自我完善力），除了是它现实上的本质之外，什么都不是。"自我完善力可说是某种"惯性"，是让站着的物体继续站下去，会动的物体继续动下去的一种惯性。如同这种惯性，所有的事物都是为了"让自己的存在延续下去而不断努力"，这就是所谓的"自我完善力"。

斯宾诺莎指出：自我完善力正是所有事物的本质，而且它不仅存在于物体，也存在于人类身上。那么，人类的自我完善力又是什么呢？我们再次回到《伦理学》看看。

当这样的努力（自我完善力）与精神相关时，就称为"意志"；与精神和肉体同时相关时，就称为"冲动"，所以冲动只是人类的本质，而那样的本质必会对人类求生做出贡献，因此人类便决定采取那些行动。

自我完善力在人类的精神上称为"意志"，对于具备完整精神与肉体的人类来说，称之为"冲动"。若"冲动"听起来过于模糊，不妨将它理解为"欲望"。这理论理解起来并不困难，请各位试着回想一下自己肚子正饿、口又渴时的情况。为了让自己的存在延续下去，我们会对食物和水产生"意志"，以及想要摄取它们的"冲动"（需求）。斯宾诺莎在此将"意志"和"冲动"做出区别。

他把人类对于食物和水的"意志"定义为仅存于脑中的想法，而对于食物和水的"冲动"，则是由身体的行动所体现。就像我们无法光靠想读书的"意志"，就将身体拉到书桌前。但若产生了想读书的"冲动"，自然就会走到书桌前坐下。仔细想想，我们的人生之所以能够延续下去，正是因为这个自我完善力。

正因为有自我完善力（意志、冲动），我们才得以延续。有了它，我们会持续摄取食物和水来维系生命，倘若自我完善力消失不见，我们会失去想要摄取食物和水的意志和冲动，生命可能就无法得以延续。根据斯宾诺莎的说法，自杀可说是失去自我完善力，是在极度无力的状态下所产生的结果。他在《伦理学》中提到"那样的本质（自我完善力）必会对人类求生做出贡献"指的正是这件事。

精神与肉体会相互影响

我们可不要忘记斯宾诺莎是一元论者的事实。他认为人的精神与肉体合一,因此两者会相互影响。精神状态会受到肉体状态影响;反之,肉体也会受到精神影响。事实不正是如此?当精神意志够坚强时,所有肉体上的问题都能被克服;同样,当肉体健康强壮时,精神也会跟着健壮。所以肉体健康的人不会罹患忧郁症;若得了忧郁症,肉体自然会跟着出现问题。

当口渴时(肉体状态),会出现想喝水的意志和冲动。但喝完水之后会如何呢?这时会开始出现想要吃饭、看书、看电影或做其他事情的意志和冲动。当肉体状态出现变化,必然也会产生新的意志和冲动。因为肉体对精神造成影响后,精神又会再对肉体造成影响。相同的道理,精神也会因着肉体所处的环境而有所不同。在工厂工作十年的人和在幼儿园工作十年的人,他们在精神上的想法绝对不可能相同。我们可以把"自我完善力"解释成"为了让我们的存在得以延续下去,试图将肉体和精神合一的努力"。

人生要如何才能成功?

让我们再次回到这个问题:如何才能"成功"?不论所谓的"成功"是赚大钱,还是获得声望、拥有家庭或挣口饭吃,其实都不容易。对任何人来说,"成功"指的是"达到自己期望的人生状态",但这并非一件易事。不过有个方程式确实能让得来不易的成功得以实现——不要停止"想让自己的存在延续下去而努力",也就是说,成功取决于"自我完善力"。

这是真的。假设有一个人很想赚大钱,若他进行了"让(想成为有钱人的)自己存在延续下去的努力",就能成为有钱人。多数人无法达到这项成功(有钱人)的理由很简单,因为在面对必须艰苦卑怯地赚钱时,他们放弃了"让(想成为有钱人的)自己存在延续下去的努力"。其他的"成功"也是一样。若没有自我完善力——也就是为了让自己的存在延续下去的努力,那么我们与"成功"的距离打从一开始就十分遥远。想要达到自己期望的某个状态,就不可缺少自我完善力。

若说成功取决于自我完善力,这里又产生了一个问题:斯宾诺莎不是说所有的存在都拥有自我完善力吗,那为何有些人得以成功,有些人却无法成功呢?因为自我完善力并非固定不变之物。斯宾诺莎指的自我完善力充满活动力,会因为机遇而有所增减。

遇见散播欢乐的人,可提升自我完善力

现在看到成功的秘诀了吗?就是"增进自我完善力"。"不论遇到什么情况,都不会放弃保存和延续自己的力量。"这就是成功的关键。接下来我们又会问:"要如何增进自我完善力?"这得取决于能否遇见"可提升自我完善力的人"。为了拼凑最后一块拼图,我们再次回到《伦理学》。

我们知道精神在遭逢各种巨变后，有时能实现更大的，有时只能实现更小的完整性。这些被动完美说明了我们的快乐和悲伤。因此，以下我将"快乐"理解为实现比精神更大完整性的被动，"悲伤"则是实现比精神更小完整性的被动。我将"身心同时与喜悦相关"的情感称为快感或愉悦，而"身心同时与悲伤相关"的情感称作痛苦或忧郁。

斯宾诺莎把人类与他人相遇时内心所产生的变化，分为两种原始情感："快乐"和"悲伤"。人类虽然有许多不同的情感，但与他人面对面时会触发的情感，基本上划分为"快乐"和"悲伤"两种。爱、欢喜、希望、信赖、欢乐、愉悦等正面情感称为"快乐"；恨、报复心、羞耻、恐怖、绝望、忧郁等负面情感称为"悲伤"。依斯宾诺莎所言，自我完善力在出现"快乐"时会增加，在出现"悲伤"时则会减少。

这些道理即使斯宾诺莎不说，我们也明白。相信大家都曾有过这种经验，当我们在做会让自己感到有希望、欢乐、愉悦的事情时，或是与我们所爱、信赖、喜欢的人见面时，生存意志（自我完善力）会有所增加。反之，当从事会惹来羞耻、绝望、忧郁的事情时，或与造成我们愤恨、报复心、恐惧的人相见时，生存意志（自我完善力）就会减少。这股力量深深地介入了我们的日常生活。

成功取决于"自我完善力"

想要成功，只要接触可为我们带来快乐，让我们感到欢乐、轻松、愉悦的人即可。无论他是谁都没关系，只要去接触这样的人就能成功。因为欢乐的情绪可以提升自我完善力。想赚钱吗？想得到声望吗？只要和自己喜欢的人、事、物相处就没问题。若你觉得自己一直都很努力，却无法达成期望中的成功，那就得好好省视一下你的自我完善力。

到目前为止，还是有很多人误解成功的含义。他们深信想要成功，就必须克服不快乐、痛苦、忧郁的事情，同时还必须放弃那些让人感到欢乐、愉快、轻松的事。现在还有很多人相信，大大的悲伤与小小的快乐才是成功的保证，但事实却与此相反，大大的悲伤与小小的快乐反而会耗尽自我完善力，令我们逐渐远离想要追求的成功，因为这必然会削弱"想让自己的存在延续下去的努力"。

若一心只想求取名利，反而会将它们推向远处。若只追求名利这些世俗价值，自我完善力必然只会减而不增。想一想，在追求名利的过程中会遇见什么样的对象？一定是带来更多悲伤与较少欢乐的人、事、物吧。同样，只要做自己喜欢的事，名利往往就会自行登门拜访，自我完善力必定只增不减，因为在生活中接触到的人、事、物，通常都会带来较少的悲伤与更多的欢乐。

根据斯宾诺莎所言，生活的主体当然会往"可提升自我完善力"的方向行动和实践。简单来说，人类自然会往可以让自己感受欢乐的方向走，但现实却往往相反。在我们的生活中，总是充斥着会削弱自我完善力的人、事、物。有多少人是我们根本连看都不想看一眼的？有多少事情是我们连碰都不想碰的？因此我们得拼命找寻那些可以为自己带来欢乐的人、事、物，并远离会带来悲伤的。

"为了成功，一定要做自己喜欢的事！"会说出这句话的人，并非不懂世间的人情世故。在见到喜欢的人、做喜欢的事情时，我们会感到快乐，而这股喜悦的情绪，能提升自我完善力。当生活充满了自我完善力，就能朝自己梦想的成功更进一步。这就是人生成功的真相。

自我完善力展现了"真正的成功"

现在来探讨另一个人生真相：我们都想为了成功而提升自我完善力。不论是否发自内心，我都希望有更多人能过着提升自我完善力的生活，如此一来，"成功"必会焕然一新，毕竟一般人对成功的定义通常是金钱、声望或出人头地。只要能过着提升自我完善力的生活，这些世俗的成功自然会随之而来，同时为人生带来更重要的变化。

与带来欢乐的人、事、物共处，将会展现出更多未曾见过的人生真相。自我完善力并非追求成功的所需之物，但只要能提升它，人生就已经成功。我们并不是因为成功才得到幸福，而是因为与带来快乐的人、事、物接触，这样的人生非常幸福，才会说是早已成功。会在生活中提升自我完善力的人都知道，感受到快乐的这种情感，本身就是成功。我相信这是自我完善力诉说的另一个人生真相，因此我开始寻找每天能让我快乐的人、事、物。

哲学家指南：斯宾诺莎

斯宾诺莎是一位过于喜欢神，最后却成为无神论者的哲学家。为了理解这样的他，我们必须先了解他的世界观：泛神论。为了理解泛神论，得先了解"实体"与"样态"这两个概念。简单来说，"实体"就是自我原因。自我原因并非以其他原因存在，而是存在于自身。

但在我们身边的人、事、物中，找不到"自我原因"。人类是因父母、眼镜是因玻璃、纸则是因树木这些"外部原因"而生。那自我原因是什么？斯宾诺莎将"实体"定义为自我原因。实体不依附外部原因，自己本身就是原因。那么"样态"又是什么？样态为实体变貌（变形）的东西，变化的个体就被称为样态。

我将样态理解为实体的变貌，或存在于其他物品当中，得靠其他物品来掌握的东西。

——《伦理学》

难以理解时，就必须靠举例说明。在电影《魔鬼终结者》（*Terminator 2 : Judgment Day*）中有一个液态金属机器人，它能靠着自由变形来威胁主角。我们可以用液态金属机器人来说明"实体"和"样态"的概念。不论变成什么样子，液态金属机器人本身被称为"实体"，因为它无须依附外部原因就可依照需求自行变化为主角的母亲或警察等不同样貌，因此可将它称为"实体"。而这里的"样态"指的就是实体（液态金属机器人）变化后的样貌。样态就是主角的母亲或警察的化身，是实体变化为各种模样之后的产物。也就是说，实体是凭借"自我原因"而存在，样态是因实体的"作用原因"而存在。因此斯宾诺莎将它定义为"样态就是实体的变貌"。

但这世上真的存在"自我原因"吗？有可以无须依附外部原因而自行存在的东西吗？世间万物的存在不都是需要依附外部原因？花和桌子若没有种子和树等外部原因，就无法存在。但其实有一样自我原因的实体存在，那就是"神"。"神"是全知全能的无限之物，因此可以自行存在。若有任何存在需要依附物体，那它就绝对无法被称为"神"。当需要外部作用原因而存在的这一刹那，它就已不再是全知全能又无限的存在，而是沦为有限的存在。

斯宾诺莎所谓的"神"，并非一般所说超然又被人格化的宗教之"神"。他所指的"神"正是自然（准确来说应该是让自然运作的某种力量）。若将他的想法公式化，就会形成"实体＝自然＝神"的等式。让我们来想一想自然，花开花谢，树叶从绿叶转为红叶，这一切都是样态，对斯宾诺莎来说，花、树木、风、浪这些样态都是自然（神）这个实体的变貌（变形）。对他而言，"神"的概念并非绝对者，而是造成自然无数变化的某种力量。春天到了就开花，冬天到了就下雪，鸟啼叫，马生小马，让所有一切发生的某种力量正是斯宾诺莎所谓的"神"。让自然变化运作的某种力量就是他的"神"。现在可以理解斯宾诺莎认为"实体＝自然＝神"的理由了。"神"在身为"实体"的同时，也是"自然"。

实体（神、自然）既看不见也摸不到，无法得知它是否存在，因此实体便会"以样态展现"或"以样态存在"。斯宾诺莎将实体（神）视为"在自然界中的自造之力"的观点，正是"泛神论"。若自然就是神，那么神不管在何处都是"广泛"存在的，肉体与精神合一的一元论，是泛神论的延伸，就如同无法把被创造出来的自然（花、树、海浪）与创造它们的自然（神）分离一般，人类的肉体和精神也无法分离。如此一来，斯宾诺莎的哲学便紧紧地把所有一切都有机地串联起来。

因为斯宾诺莎太爱神，因此想要知道神是何种存在。比任何人都聪敏的他，想要以逻辑和几何学的方式来得知神的真正样貌，但矛盾的是，他最后成为一位无神论者。准确来说，他得到"当代传统的神——人格化的神——并不存在"的结论。成为无神论者的斯宾诺莎受到不少犹太教社会给予的痛苦，无神论甚至还成为他被驱逐的关键原因。斯宾诺莎可说是因超越时代而饱受痛苦的天才之一。

 **04　我能成为一个好人吗**

——休谟的"同情心"

什么样的人称得上是"好人"

有一对男女正在约会,当他们行经天桥时,看见有个乞丐面前放着空罐在行乞。女人从钱包里掏出一万韩元(约人民币 59 元)放入空罐,男人则是站在一旁以不赞同的眼光默默看着。两人进入咖啡店后,男人对女人坚决地说:"你不该给那个乞丐钱。"

"为什么?天气这么冷,总该给他一点钱买东西吃吧?"

"给钱不是在帮他。你有没有想过他为何会在那里乞讨?就是有你这种会给钱的人,他才会继续乞讨。"

"那要怎么做?我看了就不忍心啊……"

他们两人之中,谁才是"好人"?回答这个问题前,先来定义"好"的含义。"好"这个字可以用在很多地方。我把此处的"好"定义为"善良"或"伦理"。现在重新回到问题上,两人之中谁比较善良、讲伦理?从钱包里掏出钱来给乞丐的女人很善良。那男人呢?因为他没给乞丐钱,就不善良了吗?

男人看似舍不得给钱，但也可能只是不想成为"看到别人有难，却不愿伸手"的人，才会说出"给钱不代表帮助他"的话。虽然很有这个可能，但我们无法断言是否真是如此。不过，确实也可能是因为男人发自内心想帮助乞丐才会这么做，不是吗？与其给他鱼吃，不如教他怎么钓鱼，目光放远一点，在那位乞丐的人生中，说不定男人带来的帮助远超过女人，因为不能放任乞丐继续维持乞讨，也的确不该这么做。

我们是该仿效那个男人，还是那个女人？大家都想当好人，即使无法做到圣洁无私，也想过着遵守良善伦理的生活。但这真让人混乱，所谓的"好"究竟是什么？要如何实践、行动，才能称为是善良与重视伦理呢？说不定正因为我们无法确切回答"何谓善良？又该如何实践？"的问题，才会当不成好人吧。

怀疑主义者——大卫·休谟

"何谓善良？又该如何实践？"这个问题就交由哲学家大卫·休谟（David Hume）回答。他或许会给出"善良取决于同情心（sympathy）"的答案。为了理解这模棱两可的回答，我们必须先来探讨休谟的哲学。若要以一句话来定义休谟，可称他是一位"怀疑主义"哲学家。所谓的怀疑主义，简单来说就是"怀疑一切到底"，休谟透过怀疑主义把近代哲学推向极致。

休谟连最显见又确实的一切都会怀疑，例如"只要加热，水就会开"或"太阳于早晨东升，于傍晚西下"，他的怀疑都不曾停止过。休谟在怀疑的过程中非常重视"因果关系",按字义解释,就是"原因和结果的关系",他主张那些被认为是显见事实(真理)的一切,都依附于因果关系。

"只要加热,水就会开"是因为"原因(加热)"联结至"结果(水滚)"的经验压倒性居多,所以才会被当成真理。还有"太阳早晨东升,傍晚西下"也是因为反复着"原因(早晨、傍晚)"至"结果(太阳东升、西下)"的因果关系,而被当成真理。我想问问这位聪敏的哲学家:"因果关系真的能保证就是真理吗?"就算先前有好几次将硬币投入自动贩卖机(原因)就掉出饮料(结果)的经验,但有谁能保证下次必定会产生相同结果呢?

因果关系无法论证

让我们再次思考"只要加热,水就会开"这件事,这只不过是反复经历由某个原因(加热)造成的结果(水开),再根据这个"反复"而得到的推论。说得极端一点,下次也可能会发生加热但水却不开,或是明天太阳没有升起的情况,不是吗?但这必须要等到下次或明天才会知道答案。当休谟遇到"因果关系根本就无法论证"的情况时是这么说的:

> 以"了解某对象总是会伴随某种结果的事实"为命题和以"与上述对象相似的某对象,预期在现象上会伴随相似的结果"为命题,两者可谓截然不同。若你愿意,我想要从后

项命题中合理地找出结果。其实我知道总是能以这种方式成功得到结果，但若你打算把它当成一个严密的连锁推论，那我想请你举出那个推论。

——《人类理解研究》（*An Enquiry Concerning Human Understanding*）

休谟认为我们相信的因果关系其实只是"相似的某对象（原因），预期在现象上会伴随相似的结果"，我们所信的因果关系并无任何因果关系可言。他主张那样的因果关系只不过是"习惯"罢了。他还说："这只是我们在看见两个对象总是彼此连接后，习惯地期待在一个现象之后会出现另一个现象而已。"

世上没有什么是确凿的

这里有个严重的问题。大多的法则或真理不都是根据"因果关系"而定的吗？倘若因果关系只是个习惯，并且无法论证，那么包含真理在内的所有法则，不就根本无从论证吗？因果关系终究只是个偶发（虽然有些现象具有高度盖然性）的现象，并总是伴随着意外发生的可能。

只要是以"因果关系"为基础的真理或法则，出现例外的那一瞬间，它们就不复存在。而所有真理和法则也常包含了这种可能性，虽然"天鹅是白的"有好一段时间都被视为真理，但自从黑天鹅出现之后，那个真理就再也不复存在了。我能理解哲学家卡尔·波普（Karl Popper）为何会说"休谟对于不能以逻辑将归纳法合理化的指责完全正确"。

怎么能以逻辑将归纳法（从个别事例中导出普遍结论的推论方法）合理化呢？以归纳法推演出的结论，只要找到一个反例，就不再是真理。休谟认为，反例的可能性始终存在，因此不能用逻辑来合理化归纳法，所以他只能把所有的一切都怀疑到底。"怀疑主义"就是用来表现真理的不可能性。

休谟的"同情心"

现在终于知道休谟为何常被称为经验论者，他讽刺地透过怀疑主义说明"这世上不存在显见的法则或真理"。他认为以因果关系为基础的理性推论，随时都可能会出错，因此接受了"我们所知的一切，仅止于自己的知觉（透过感官认识对方）"的"经验论"。

休谟认为以感官在每一瞬间来认识对方的"经验"非常重要。我们认为的法则或真理，只是将偶然接连出现的两件事，推演为必然的原因和结果。现在我们已经准备好，要来具体了解何谓休谟的"同情心"。这与在日常生活中一般使用的含义——"认为某人很可怜的心态"不同，身为经验论者，休谟指出"同情心"与"经验"相关：

> 我们无法切身体会他人之痛，只能体会他人会有那种感受的原因或结果，借此推论对方的感受，最后激起我们的同情心。
> ——《人性论》（*A Treatise of Human Nature*）

休谟的"同情心"可说是"在意识到他人之痛后,引发自己痛苦的经验(回想、记忆)"。虽然我们无法切身体会他人之痛,但可鉴于自己的经验,推断出对方的痛苦,在此过程中,就会引发"同情心"。看到有人在天寒地冻中乞讨而出现"同情心",其实是出自"就算不是百分之百相同,但自己也曾有在寒风中颤抖的相似经验"。

善良取决于同情心

现在我们总算可以明确回答"何谓善良?又该如何实践?"了。并非知道何谓良善、伦理、道德就称得上是善良,"善良"(良善、伦理、道德)是取决于"同情心",必须要打从心底冒出同情心才行。善良必须建立在"以自身相似经验为媒介,共享他人情感(痛苦)"的基础上。换句话说,可以同理他人之痛就是善良,基于同理心所做的任何行为举止,都可称作善举。

现在把焦点移回前面提到的那对情侣。在两人之中谁才是好人?这个问题的答案只有他们本人才知道,因为同情心是发自一个人内心的情感。倘若女人把一万韩元放入乞丐的空罐中是发自内心的同情,那就是善举。若她给钱的行动,并非出自同理对方的感受(同理乞丐的痛苦),而是出自父母或学校的教导:"要帮助可怜的人。"这样的行动就不能称为善举、重伦理或讲道德。

同样的道理,男人说出"不该给他钱",或许也是一件"善举"。倘若男人能同理乞丐的痛苦,但为了要让他自立而不给钱,就可被称作善举、重伦理、讲道德。反之，若他的行为是因为父母、学校、社会训诫，"不要帮助不工作，只向他人行乞的人"，就不是真正的善良。我们对某些行为都具有"先判断是否为善，是否符合伦理和道德"的倾向，但重点应该在于"同情心"，也就是能否同理他人痛苦的感受，才是善良的起点和终点。

对乞丐施暴也可能是在激发自尊心的苏醒

某个乞丐向站着的男人递出帽子，男人凝视了他的眼神好一会儿，突然冲向他狠狠地揍了几拳，男人用拳头猛打乞丐的脸，敲碎了他的牙，又恶狠狠地掐着他的脖子，用他的脑袋撞墙。

我想世上再也没有人比这施暴的男人更恶劣、更没伦理、更不讲道德了。这个男人是出自诗人夏尔·波德莱尔（Charles Baudelaire）的作品《巴黎的忧郁》（*Le Spleen de Paris*）一书中的人物。一向歌咏人类自由和幸福的波德莱尔，怎么会创造出如此恶劣又没伦理的角色呢？更令人讶异的是，波德莱尔竟想借由这个男人，展现出何谓真正的善良。男人从乞丐的眼神中感受到痛苦，所以发自内心地想要帮助乞丐，但男人认为给钱或置之不理，都不是在帮助他。在你们产生更大的误会之前，让我们先来读一段《巴黎的忧郁》：

那糟老头站了起来，从双眼里喷发出仇恨的光芒，这使我觉得是个"好兆头"。他冲向我，打肿了我的双眼，敲碎我四颗牙……我对他说:"先生,您和我平等了!您很荣幸能与我一起分享我的钱袋。但请记住,若您是个真正的慈善家,当您的同伙向您乞求施舍时,别忘了使用我刚心疼地验证在您背上的'辛苦'理论。"

那个乞丐面对男人突如其来的攻击感到非常愤怒,所以做出反击,打肿了男人的双眼,敲碎了他四颗牙。没错,男人拯救了乞丐。他唤醒了陷入绝望和无力的乞丐作为人类仅存的一丝自尊心。这个看似残忍无比的男人,或许反而远比行经天桥的情侣还要善良,因为只要乞丐的自尊心苏醒,他便不再是一个乞丐了。

善良,最重要的并非外显的行为或举止。世人眼中看似美好的行动,有可能一点都不善良;那些令人难以接受的举措,反而有可能才是最善良的。我们内心都很清楚,强忍心痛也要鞭打孩子小腿的修女,远比只在选举期间探访育幼院拥抱孩子的国会议员更加善良,更有伦理和道德。

善良最终取决于休谟所说的"同情心"。"我们能否同理他人内心的伤痛、悲痛或痛苦?"可说是衡量善与伦理的唯一基准。在韩国,当战友在战场上负伤并饱受痛苦折磨,替他结束生命是善举。情人因病每天活在如地狱般的痛苦中,且已无生还的可能性,替这样的情人结束生命,是伦理行为。但这些的前提是,必须要对战友和情人抱持着悲切的同情心才能算数。

"理性必须成为感受(感性)的奴隶。"请牢记休谟的这句话。

若想成为一个好人，就得暂时停止思考"何谓良善、伦理、道德，以及什么才是相应的行动和实践"。必须先停止理性作用，专注于感性才行。必须先问自己："我能同理他人的伤痛与悲痛吗？"不具此同情心所做出的任何举动，即便被世人称颂为善，也非真正符合良善和伦理的善举。反之，若具此同情心，你所做的任何举动，即便被世人狠狠地斥责恶劣，也是真正良善和伦理的善举。

哲学家指南：休谟

若想再进一步了解休谟，就要先了解"印象""观念"和"信念"三种概念。休谟表示"印象"和"观念"存在于我们的精神中。"印象"是直接的知觉，而"观念"则是由印象组成。举例来说，眼前的草莓属于"印象"，之后脑海中浮现的草莓就属于"观念"。印象是直接的，观念则是需要再经过一道程序来形成。根据休谟的说法，天生视障者因为接收不到"印象"，所以不会有"观念"，而那些在意外中失去视力的人，即使没有"印象"，还是会有"观念"。

休谟在分析"印象"与"观念"的差异时，也找出当代破格的结论。他认为人类在身为感性动物的同时，也是理性的动物，他表示："理性是感受的奴隶，也必须是它的奴隶。理性除了服侍和服从感受之外，不得贪于其他的任务。"休谟的言论可以说动摇了由笛卡儿流传下来的现代思考——"人类是理性的存在"这个根基。

"怀疑主义"者休谟指出，光凭理性和知识判断可能会出错。他更进一步对逻辑学或科学——构成"非常显见又确凿"的信念——提出根本性的疑问。如果连逻辑学或科学都无法提供客观、显见、确凿的法则和现实，那人类该把什么样的法则和真理当成信念来过活呢？

在此他又提出"信念"的概念。当我们将印象或观念结合时，会产生某种知识，但这种知识并非法则或真理，休谟称之为"信念"，以"信念"的概念取代真正的真理和法则。人类即使没有法则或真理也能继续存活，是因为人类拥有各自的信念。他对"信念"下了这般定义："与当前的印象有关，或把它们合为一体，相互联合的鲜明观念。"

诚如休谟所言，因为信念"尚存"，所以有信念的人都会感到安定，而事实不也正是如此？想想那些沉迷于邪教的人吧！用我们的真理和法则来看，会认为他们的行为非常愚蠢，所以我们不会去尝试。但这些人的信念尚存，才会带给人一种坚定与稳固的感觉。因此休谟表示"信念"和"虚构"分属不同的东西。准确来说，对我们而言是"虚构"的东西，对某些人来说可能就是"信念"。

休谟坚持怀疑主义到底，因而主张法则与真理的不可能性。在这个过程中，他打开了"信念"的全新篇章——绝对不变的真理或法则并不存在，只是彼此拥有各自的信念，而人类仰赖这样的信念生存。现在我可以理解休谟"理性只是感性的奴隶"这破格的主张，因为人类不是"相信（感性）对的（理性）"东西，而是认为自己"相信"的东西才是"对的"。

　　人类会将自己"相信的"合理化成"对的"，所以理性是感性的奴隶。人类并非理性的存在，不会因为某人特定的举动或特征而喜欢或讨厌他。是先喜欢或讨厌对方，才会找出喜欢或讨厌他的理由，因此人类是一种感性的存在。休谟早已看穿人类并非理性存在，而是极度感性的存在。

 **05** 凡事一定得亲自体验过才行吗

——康德的"先验"

非得尝过才知道是大酱还是大便吗

在我小学时,有位朋友突然从二楼往下跳,腿部因此骨折,上了好一阵子石膏。老师追问他:"为什么要从二楼跳下去?"他一脸天真地说:"因为我想知道从二楼跳下去是不是真的很痛。"老师不可置信地说:"你非得要亲自尝过才知道那是大酱(韩国的一种调味品)还是大便吗?"我们可不能把这件事当作年少轻狂才会发生的插曲,因为类似的事情至今依旧发生在我们身上。

不论是想自动退学、辞职、环游世界、离婚、归农都好,那些因为"想要尝试或挑战、逃脱世俗认定的潜在基准"而苦恼的人,应该都听过身边的人对他们说:"你非得尝过才知道那是大酱还是大便吗?"它带有"'你不是早就知道'如果离开学校、离开职场、去环游世界、回到乡下,'会怎样吗?'"的意思。这句看似极其现实的话，其实暗藏着深奥的哲学主题——经验主义和合理主义。

经验主义主张"真切的知识并非来自理性，而是来自对事物的经验"。反之，合理主义则是主张"真切的知识并非来自经验，只要利用理智就能获取"。若那位从二楼跳下去的朋友是经验主义者，叱责他的老师就是合理主义者。因为他从亲身跳下的经验中得知"从高处落下就会受伤"，但老师认为只要经由理性思考便能轻易得到这番结论。

没有体验过也能知道答案吗

"经验主义"和"合理主义"在我们人生中是非常重要的议题。它们对于"没有体验过也能知道答案？"的问题给出不同的回答。经验主义者会以亲身体验来了解人生，合理主义者则会以动脑思考的理性来了解人生。因此，人生会随着"是经验主义，还是理性主义？"出现明显差异。

"没有体验过也能知道答案吗？"针对这个问题，每个人的心里都有各自的答案。大多时候是透过经验才了解某些知识，或曾因此发生过决定性事件的人，会成为经验主义者。反之，若是透过理性思考才了解某些知识的情况居多，或因此而发生过决定性事件的人，就会成为合理主义者。也就是说，虽然大家心里都有各自的答案，但都只不过是将自己狭隘有限的生活一般化后归论出的答案。

非经验主义也非合理主义者的哲学家——康德

这不会太危险吗？在回答这个重要问题时，我们需要哲学家的协助，一位可以更明确回答出"究竟是必须经历过才能知道答案，还是无须体验也能知道答案？"的哲学家伊曼努尔·康德（Immanuel Kant）。面对这个问题——"必须经历过才能知道答案吗？"——他会回答"不必"。康德指出，真切、确凿的知识并不能透过体验得知。

"天鹅是白的"是真切又确凿的知识吗？或许大部分的人都会回答"没错"，但事实并非如此，他们只是还不曾看过黑天鹅而已。一六九七年，在澳洲首次发现了黑天鹅的存在，自那天起，"天鹅是白的"就不再是确切的知识。康德对于"可以借由眼睛、鼻子、嘴巴等感官来了解某些事情，或因此获取经验"这种想法，持有强烈的怀疑。

话说回来，那他是合理主义者吗？他相信光凭理性思考，就能获得真切又确凿的知识吗？事实也并非如此。康德认为不管是靠亲身体验或需要动脑的理性，都无法达到确切的知识（真理）。不靠经验、也不靠理性，要如何才能得到这样的知识呢？康德回答了这个问题，让他在西方哲学史上占有举足轻重的地位。

康德的"先验"

有一种名为"先验"（a priori）的概念，在拉丁文中意指"来自先前""来自初始"。康德说的"a priori"被译为"先验"（或先天），是"经验"的相反词。也就是说，"先验"代表的是"在经历之前就已事先具备的东西"。康德主张真切又确凿的知识，并非透过"经验"，而是得靠"先验"才能了解。想要掌握"先验"这个概念并不容易，真的有东西可以不经体验就能知道吗？

会知道火很烫，是因为小时候曾被火烫过；会知道冬天很冷，不正是因为经历过冬天冷冽的寒风才会知道吗？因此我相信所有真切又确凿的知识都是借由经验而知。但这是个误会，经验是主观、有限的，我眼中的白天鹅，在别人眼中可能是一只灰天鹅。如此说来，那只天鹅究竟是白，还是灰呢？纵使所有人都一同看到了白天鹅（主观经验），也不能因此就确定"天鹅是白的"，很可能只是大家都还不曾看过黑天鹅而已（有限经验）。

康德打算以"先验"的方式来突破这种经验问题。先假设有"无须体验也能事先知道"的某种条件存在，若真是如此，就能得到真切又确凿的知识。虽然"经验"会因每个人或情况不同而有所差异，但"先验"却对任何情况和人一视同等，不加以分别。为什么？因为先验是早在体验之前就已经存在的东西。先验不论对谁，在何种情况之下都很确定，因此能够帮助我们获得真切又确凿的知识。

康德将这样的条件，也就是在有经验之前就已具备，不会被经验左右的确切条件，称为"先决条件"。听起来似乎有点难懂，让我们来看个例子说明。这里有铅笔、圆珠笔、签字笔，虽然它们各自不同，但都具备了"文具"这个共同形式，某种共同的形式就可称为"先决条件"。若以康德的想法解释,我们必须透过体验才会知道这是铅笔、圆珠笔还是签字笔。但我们早在体验前就已经知道它们具有相同形式,都是"可以使用的某种东西(文具)"。这种在体验之前就已具备的某种统一形式,就是他所谓的"先决条件"。

"空间""时间""范畴"等先决条件

"先决条件"具体来说究竟为何?这还是有点难懂。康德提到,人们都具有两种先决条件:"先验感性形式"和"先验理性形式"。先来了解"先验感性形式"。每个人的经验不同,是因为彼此的感性不同,即使处在温度相同的环境中,有些人会觉得冷,有些人会觉得热。但根据康德所言,在某种条件之下,任何人的经验都不会不同,就是"先验感性形式"——"空间"和"时间"。

某天午后,有一个女人坐在咖啡店里喝咖啡,两个男人盯着她看,其中一个男人觉得"她很漂亮",另一个男人却觉得"她不漂亮",这种事很可能发生,因为他们彼此的审美观不同,但对他们两人来说,有一个共同体验的条件,就是女人所待的"空间"——咖啡店,以及下午一点的"时间",这些是发生于体验之前的东西。康德发现了任何人都无法脱离的"先验感性形式"——"空间"和"时间"。

话说回来,"先验理性形式"又是什么?一般来说,我们相信理性思考(分辨、判断)会依赖经验,某个物体究竟是药还是毒，必须透过直接尝试或间接学习的经验才能够判断。但根据康德所言，在某种条件之下，任何人的分辨和判断都不会有所差异，这就是"先验理性形式"——"范畴"。

卡车比自行车大，这个分辨和判断都来自经验，但想要做出这样的分辨和判断，就必须要先知道"大—小"的"范畴"才行，这个"范畴"就显然是先验的。刚出生的婴儿虽然还不知道是卡车大还是自行车大，但两者早已具备"大—小"的范畴。同样，虽然"是一台卡车，还是四台？"的判断需要依靠经验，但"一—多数"的"范畴"早在体验之前就已存在。康德发现了任何人都无法脱离的"先验理性形式"——"范畴"。

在先验与后验之间

让我们回到一开始的问题："没有体验过也能知道答案吗？"康德会说："或许能，或许不能。"时间、空间、范畴等先决条件在体验前就已经知道，所以他才回答"能"。但同时，光靠先决条件无法获得真切又显见的知识，因为若不在时间、空间、范畴等先决条件的基础上，再追加依赖经验得来的特定知识（信息），就不具任何意义。

在早上九点（时间）时，我们看到了大车和小车（范畴）在家门前（空间）相遇的场景，因此才会知道"卡车比自行车大"，不是吗？到头来，必须得在时间、空间、范畴的先验形式中融入某种经验内容，才可得知真切又确凿的知识。因此针对这个问题——"没有体验过也能知道答案吗？"——康德这次会给出"不能"的答案，因为若不加上经验，终究无法得到真切又确凿的知识。

为何会这样呢？为了求得"没有体验过也能知道答案吗？"的解答，我们好不容易跨越了康德这座大山，最后得来的结论竟然只是一句"我不知道"。好吧，既然都已经来到这里，就别轻言放弃，一起坚持追到底吧。

康德的先验形式都是"虚构"的

康德虽然是一位伟大的哲学家，但他的哲学却存在着界限，借由这个界限，试着再次回答"没有体验过也能知道答案吗？"，康德会说"不经体验也能知道答案"，是因为有先验形式。但他所谓的先验形式真的存在吗？首先，让我们来探讨"先验感性形式"。康德的哲学受到牛顿物理学极大影响，他会主张空间和时间先于经验，并且是任何人都共通的条件，是因为受到牛顿的深厚影响。

在牛顿的物理学中，时间和空间是相同、不变，而且绝对的。就如同测量物体的卷尺刻度般，刻度都是相同、不变且绝对的。我们可说测量物体变化的基准就是时间和空间，这并不会因为某人的经验而有所改变，康德因此才会发现时间和空间的先决条件。但杰出的天才爱因斯坦出现后，便大大地抨击了牛顿的物理学，让它背上"古典"之名。

打击牛顿物理学的正是爱因斯坦的"相对论"，这是"时间在以光速快速运动的空间内过得很慢"的理论。回想一下常在科幻电影中出现的场景，我们就可以轻易理解。长期搭乘宇宙飞船在宇宙探险的父亲，当他从宇宙飞船走下来时，容貌竟然比儿子还年轻，这些可不是天马行空的想象，而是依据爱因斯坦"根据情况不同，时间的流速也会随之不同"的相对论。

这个相对论不仅打击了牛顿，也让康德的理论为之瓦解。准确来说，被瓦解的是康德所提出的先验感性形式——空间和时间的概念。爱因斯坦证明了时间会根据条件不同而有不同体验。也就是说，时间并非先验，空间亦是如此。根据爱因斯坦的理论，空间并非是均质的，在重力较强的地方会随之扭曲，这代表空间会因重力而有不同的体验。如此一来，连康德号称先验的空间，最后也会依据情况而出现不同体验，因此完全不能说是先验。

只要再稍加仔细观察先验理性形式的范畴，康德的理论便能轻易瓦解。每个哲学家所设立的范畴不都彼此不同吗？康德提出的十二个范畴，其实是由亚里士多德（Aristotle）提出的十个范畴变貌而来。最终，所谓的范畴必须在成为范畴之前，就具备了将它分类的某种基准。但每个人（哲学家）的基准可能都各自不同，因此无法称范畴是所有人相同且不变的先决条件。

若不亲身体验就不会了解

康德的先决条件全面瓦解，这句话同时具有"若不亲身体验就不会了解！"的含义在内。现在终于可以更明确地回答这个问题:"没有体验过也能知道答案吗?"不亲身体验就能知道的东西根本不存在,当然,还是有些事情不需经验就能得知。然而,不必经历就能得到的知识和从经验中汲取到的知识,在本质上隶属完全不同的学问。看书学来的开车知识和实际经由练习所学到的开车知识,它们本质上不就有很明显的不同吗?

再肯定地说,不亲身体验就不会了解。若真想学到什么,就必须动用全身不断地碰撞学习才行,这才是真正的学问。若非得在经验主义或合理主义中择一,我宁可成为经验主义者。我的选择不代表经验主义者一定正确,而是因为它可以让我们的人生更加丰富快乐。

不用想得太远,感情不就是如此吗?坊间有不少讲述爱情和恋爱的书籍或演讲,但那些都不是真正的学问。经历过"虽然丢脸却仍鼓起勇气告白,毫无保留地爱过,悲痛地离别"这些过程,所得到的学问才够深厚。真正的学问本该如此,而且还会丰富我们的生活,让人生变得更加快乐。说不定那些认为可以透过理性求得学问或想那么做的人都很怯弱,他们就像是那些想要探访未知世界,却因心生畏惧而坐在书桌前使用网络探访世界的人一样。

纵身投入未知的世界

前往未知的世界吧!不管是你想要自动退学、辞职、恋爱、旅行、结婚、离婚还是归农都好。全身投入并尽情地体验!就算危险，就算可能会因此受伤也没关系。导致我们不幸的并非危险或伤害，而是不安和倦怠。虽然过着合理的生活可以免除危险和伤害，但终究还是得面对惶恐和疲乏。反之，过着体验型的人生必须承受风险，但却可以摆脱不安和倦怠。你想过哪一种生活？不，应该要问：你觉得哪种生活比较精彩快乐呢？

我们或许马上就得做出抉择：究竟要过安全平稳，却被不安和倦怠慢慢吞噬的人生，还是要承受危险和伤害，过着丰富又快乐的人生呢？我选择过一个走出房门，用身体碰撞、亲身探访这个世界的人生。与其苦读恋爱书籍，我更想鼓起勇气直接向心仪的对象告白。我想做一个彻底的经验主义者。若有人问你："得尝过才知道这是大酱还是大便吗？"我希望你能坚毅地回答："对，要尝过才会知道。"

哲学家指南：康德

很少有人能像康德一样，在西方哲学史造成如此大的影响。否则，他怎么会被称为"西方哲学水库"呢？在康德之前出现的所有西方哲学，几乎都注入名为"康德"的水库中，又再次经由它流出去。我突然感到有点好奇，康德这个巨大水库又是从何而来？它来自康德的一段名言：

没有感性，将不会有任何对象被赋予我们；没有理性，将不会有任何对象被加以思考。没有感性的理性是空洞的，没有理性的感性则是盲目的。

——《纯粹理性批判》（*Critique of Pure Reason*）

鲜少有哲学家的言论能像康德一样，被这么多知识分子加以引用，但却极少有人能完全掌握它的真谛。若能完全掌握，就能理解康德是如何成为"西方哲学水库"的。为了理解这艰深的道理，我们先来探讨"感性"与"理性"。

何谓"感性"？我们常会说"你真感性"，这代表什么意思？它指的是可以感受到纤细的情感变化，康德的"感性"和此非常相似。他是这么定义感性的："通过我们被对象所刺激的方式获得表象的能力（接受能力）就称为感性。"感性是指在接受对象（书、音乐、电影）中，发生的所有情报的能力（机关）。"没有感性，将不会有任何对象被赋予我们"，可谓理所当然。因为没有感性，就无从接受任何情报。

那"理性"又是什么？我们常说"他是个理性的人"，代表此人具有可以正确分辨与判断对象、事件的能力。康德的"理性"与此相差不远。他认为理性就是辨别对象和综合判断的能力（机关）。若说感情是接受对象情报的能力，那么理性就是根据该情报进行分辨和判断的能力。"没有理性，将不会有任何对象被加以思考"也是理所当然。因为没有理性，就无从辨别和判断所有一切。

我现在终于理解康德为何要把先决条件分为"感性形式"和"理性形式"。他认为若想达到真正的学问，具有接受情报的"感性"和可以分辨判断的"理性"，缺一不可。真正的学问——不根据人类和情况而有所不同，只能从先验出发，因此康德才认为需要感性与理性的先验形式。

　　我能明白"没有感性的理性是空洞的，没有理性的感性则是盲目的"这话中的奥义。一个固执不通的老人给的建议是空洞的，因为就算他历经长久的岁月，累积了可以辨别和判断的理性，却不打算借由感性来掌握任何信息。一个七岁的天才儿童他有足够的理性吗？不太可能，缺乏理性的他只是盲目，因为他虽然可以透过感性掌握许多信息，却没有足以辨别和判断信息的能力。

　　以哲学史的角度来看，经验主义是与"感性"相关的思维，合理主义则是与"理性"相关的思维，这两个思维长时间以来都一直站在对立点上争执不休。康德得以成为"西洋哲学水库"的理由，是他结束了这场争论。"没有感性，将不会有任何对象被赋予我们；没有理性，将不会有任何对象被加以思考。没有感性的理性是空洞的，没有理性的感性则是盲目的。"康德以这短短的名言，替过往的争论画上休止符。他常被评为"综合了经验主义（感性）与合理主义（理性）的哲学家"，正是源于此。

哲学与人生

所谓哲学并非真理,而是必须追求健康的人生!

——尼采《快乐的科学》(*la gaya scienza*)

我会研究哲学的理由非常明确,就是为了健康的人生。当哲学仅止于"学问"时,就会扮演疾病的角色。"多知者为病"(韩国俗语,带有"眼不见心不烦,无知是福"的意思),可不是一句玩笑话。有多少人正是因学识渊博而变得不幸。现在正在高谈哲学的我,也总是努力不忘尼采定义的"哲学的课题"。

"哲学再也无法满足于自己被赋予的概念,并将其磨炼发光。哲学必须先建立、创造和确立起概念,再开始说服人们利用这些概念。"

06 要如何找到"我"

——费希特的"自我"

怎么啦？这样一点都不像你

"今天一起去看个电影吧。"

"那个……我今天有点不方便。"

"身体不舒服吗？"

"不是，我只是想要独处一下。"

"喂，怎么啦？这样一点都不像你。"

静恩和艺彬两人是朋友。静恩一如往常地想找艺彬去看电影，但艺彬却一反常态地说出"想要独处一下"拒绝她，她面对艺彬陌生的反应，说出了"怎么啦？这样一点都不像你"。在回家路上，艺彬不断地反复问自己："到底怎样才叫像我？不，我到底是谁？"这不仅是艺彬一个人的故事。"我是谁？"是一个非常哲学，又与现实密切相关的问题。

在感性大爆发的青春期，连看到一片树叶掉落，都会因此发问"我是谁？"，被多年好友说"怎么啦？这样一点都不像你"

也是一样。就算时光飞逝，我们迈入婚姻，成了社会人士，这种情况也不会改变。当我们过着毫无意义的反复生活或日子不怎么顺心时，心里就会突然浮现这个被积压已久的疑问："我是谁？"这个议题与我们的生活密不可分，因此非常重要。

想要找到"自我"，然后变得幸福

在年岁渐长的某一刻开始，我突然能理解"所谓幸福就是接受原本的自己，并给予肯定"这个道理。没错，幸福其实离我们不远，可以活出自我就是幸福。而我也终于明白，我们为何难以得到幸福，因为我们从未好好地回答自己"我是谁？"这个疑问。纵使心里明白幸福就是活出自我，但还是无法回答何谓自我，也就是"我是谁？"的问题。

前往环游世界之旅，走在圣雅各布的路上，甚至是离开尘世走入庙宇（遁入佛门），这些全都是旅行，都是寻找自我之旅。旅人都想要找到真正的"自我"，借此求得幸福。若我们想得到幸福，首先该做的事情非常明显，必须要先能回答出"我是谁"。

当我们人生中遇到一些事件或关系时，这个问题常会突然出现，我们必须要先找出它的答案，才能得到幸福。

寻找"自我"的哲学家——费希特

我们请到哲学家约翰·戈特利布·费希特（Johann Gottlieb Fichte）来回答"我是谁"。他或许会不解地歪着头说："我就是自我呀。"我们不是常将"自我"当成"我"这个词来使用吗？所以费希特的回答听起来像是毫无意义反复着同义词"我就是我"一般。但费希特的"自我"含义，与平常使用的"我"稍微不同或更加复杂。想要理解这谜般的回答，就得来探讨"自我"的概念。

费希特提的"自我"是未亲自体验过就无法认知，是把主体和对象联系起来，并进行统一化的活动。举例来说，因为有"自我"，才得以将饭（对象）和人类（主体）这两样东西联系并统一起来。若没有"自我"，即使人类（主体）看到了饭（对象），也不会知道那是食物。也就是说，"自我"可说是某种"自我意识"。看费希特怎么说的：

> 自我不会也无法出现于我们的经验意识状态中。不，应该说它被置于所有意识的基础上，才让那些意识得以展现它们的活动。
>
> ——《全部知识学的基础》（*Grundlage der Gesamten Wissenschaftslehre*）

诚如费希特所言，置于所有意识的基础上，让它们得以展现的"活动"就是自我，也就是"自我意识"。费希特认为自我是所有一切的起点，也是所有一切的基础。我们是透过自我（自我意识）与世上的万物建立关系。事实也正是如此。所有人都是透过自我（自我意识）来划分"我"的定位。以饭来说，是"我在吃"；以书来说，是"我在看"；若以沙包来说，就是"我在打击"。之所以能确立这些"我",不正是因为自我吗?若没有自我,就无法划分出"我"的定位。

自我(自我意识)从何而来?

重新回到先前的问题,面对"我是谁"的问题,费希特回答"我就是自我"。我们可以把这句话稍微改成"我就是自我意识",如此一来,只要揭开何谓自我意识的谜底,就能找出"我是谁"的线索。费希特对于自我意识的具体说明如下:

> 任何人都承认"A 是 A(A=A)"的命题,并对此毫不质疑……我心中确实拥有某种始终如一、始终单一并统一的东西。我们可用"我=我,我是我"来表现这如此确立又显见的必然关系。
>
> ——《全部知识学的基础》

这段话乍看之下不好理解,但其实非常简单。先将费希特所讲的"A"当成"饭"。现在"A 是 A"就变成了"饭是饭",不管是谁看到饭,都会认同那就是饭。但这件事究竟是怎么办到的?之所以会形成"饭=饭"这个公式,正是因为有将"某样冒着缕缕白烟的东西"判断为饭的"自我意识"存在。即使费希特并未明确指出,我们还是能看出自我意识出自何处——就是记忆!正因为拥有彼此各自的记忆,才能让"饭=饭"。

自我就是记忆

没错,自我意识来自记忆。"饭=饭"的判断必须要先以"我=我"的事实为前提才可能办到。"我"必须要拥有过去曾看过饭的记忆,现在看到才有办法说出那就是饭。以公式来说,"饭(过去)=饭(现在)"的自我意识来自"我(过去)=我(现在)"。能够拥有自我(自我意识)正是因为"过去的我"有着可以让"现在的我"思考的"记忆"。罹患失忆症的人就无法拥有自我意识,因此无法说出他们的自我存在。此外,我们很难称那些患有失智症的老人拥有自我意识或是自我。为什么?因为他们并没有关于"我"的记忆。

现在可以更明确地回答"我是谁"了。自我意识即记忆,所以"我"就是"我"所有记忆的总和,那些记忆正是自我,也是"我"。我们不需大费周章踏上寻找自我之旅,只需拿起一支笔,仔细地把自己的过往记忆好好整理一番,这就是"我"。会启程前往"寻找自我之旅",是因为旅行可以让我们暂时摆脱忙碌的日常生活,赋予我们可以回顾过往生活的余裕。同时,当离开熟悉的环境,前往一个陌生的地方,反而会更容易想起自己遗忘许久或依稀朦胧的过去。

重点在于记忆,是"我"拥有的所有记忆的总和。有多少人虽然和自己共度了一生,最后却说出不太了解"我",因为这些人总是试着扭曲、编造,或是极力想要忘记自己生活过的曾经。正是那些为了保护自己而扭曲的日常回忆,让我们忘却了自己,不是吗？不正是因为无法相信自己的"记忆"，"自我意识"才无法明确，所以最后导致我们拥有了一个总是动荡不安的"自我"，不是吗？

寻回所有记忆，就能得到幸福吗

现在我产生了疑问：只要追寻过往的记忆，就能得到幸福吗？只要寻回所有记忆，并回答出"我是谁"，就能得到幸福？似乎并非如此。以现实面来说，想要寻回长久以来被扭曲的记忆，根本不可能。即使能做到，感觉也不会因此得到幸福。找回记忆虽然可以增加对"我"的理解，却无法担保就能得到幸福。记忆是"过去"的总和，但若只是一味地执着于过往回忆，反而可能会因此招致更多不幸，因为不幸总是始于对过往的执念。

有一个四十多岁的女人，曾与很多男人谈过恋爱。当她一想起过往恋爱的回忆，可能就会自我理解为"原来我是这种人！"。但这样的自我理解反而使幸福离她远去，因为当某个新对象出现时，她或许不会沉醉于他的魅力，反而误会他"和以前的某个男人差不多！"而错失一段良缘。妨碍她展开全新恋曲的并非其他原因，正是她努力寻回的过往记忆。

虽然记忆有助于自我理解，但更令人哀伤的是，它也会令我们驻足于过往。虽然通过记忆可以拥有"我（过去）＝我（现在）"的连续自我，但严格来说，"我（过去）＝我（现在）"这种自我意识，其实是记忆带来的错觉。归根究底来说，其实根本就没有"我"！虽然通过记忆的延伸，让我们有了自我意识，并有了一成不变的"我"存在，但事实并非如此。现在的"我"，只是无数事件一路演变而来的暂时性过去，只是一时的"我"。一路走来，"我"总是历经各种改变，未来也将不断变化。我们只不过是这一连串变化的记忆罢了，"我"根本就不存在。

记忆与忘却

若想回答"我是谁？"，只要找到"记忆"即可。但若想要回答"要如何才能得到幸福"，就必须再重新提问："该记住什么？"虽然我们无法记住所有一切，但有些东西却绝不可忘，就是"原来这一路下来我经历了各种改变"这个事实。若不想因记忆而停留在过往，就必须铭记自己是经由特定事件、关系，不断改变成为一个不同的人。

小时候喜欢吃妈妈做的泡菜锅的这个记忆，让我得以明确回答出"我"是个什么样的人。但若因此就一直把记忆停留在泡菜锅上，不觉得有点可悲吗？就像是妈妈做的泡菜锅一样，我们真正该记下的是自己喜欢和朋友一起吃辣炒年糕、和情人一起吃意大利面等这些记忆。这些记忆让我们拥有了一路以来不断变化成另一个人的自我意识（自我）。这非常重要，因为它不仅脱离了过去特定的回忆，还准备创造出全新的回忆。铭记着"一成不变的自我并不存在"这项事实的自我，才是最重要的。

讽刺的是，因"记忆"而充分理解自我的人，也提到了"忘却"

的重要性。那个四十多岁的女人何时才能再谈一场恋爱？必须要等到她忘却过往的回忆之后才有办法。若非如此，整天光是忙着沉溺于过往，根本无法展开一段新的恋情。即使她开始了另一段新恋曲，也只不过是过往的重复或变奏。当我们驻足于过往回忆而停滞不前时，人生会因此变得忧郁黯淡。想要拥有愉快又开朗的生活，重点就在于"忘却"。为了能"忘却"，就绝对要有"记忆"——那个"将固定的自我消灭掉"的记忆！

从骆驼变成狮子，再变成婴儿

尼采对人类"精神三变"曾如此描述："我要告诉你们有关精神的三种变形：精神如何变成骆驼，骆驼如何变成狮子，最后狮子如何变成婴孩。"他指出人类的精神必须先从骆驼变成狮子，最后才变回婴孩。

> 坚毅的精神担负着所有重荷，奔赴它的沙漠。就像一头满载包袱在沙漠中奔跑的骆驼。然而它在寂寥的荒漠中出现了第二种变形。它在这里幻化为一头狮子，极力争取它的自由，并试图成为这片荒漠的主宰。
> ——《查拉图斯特拉如是说》（Also sprach Zarathustra）

骆驼是最低阶的精神，人类的精神就是像满载包袱的骆驼，在生活之中背负着满身义务。那样的骆驼后来化成狮子，狮子是极力争取自由并试图成为荒漠主宰的精神。说不定骆驼代表的正是那些无法找到"我"是谁的人,是那些被满身义务深深束缚,对生活感到疲惫,期盼可以踏上"寻找自我之旅"的人。那么,狮子又是谁呢?是追寻记忆、勇敢踏上"寻找自我之旅"、内心自由的那群人。尼采在此指出还需要再一次变形。

> 要创造出全新的价值,那是连狮子都无法做到的。然而,若想要争取创造的自由,就必须仰赖狮子的力量……弟兄们,连狮子都无法做到的事情,一个婴孩要如何办到?掠夺成性的狮子现在为何又要变成婴孩呢?不正是因为婴孩代表着天真无邪,代表着善忘、全新的出发、游戏、自转的车轮、最初的行动和神圣的肯定吗?
>
> ——《查拉图斯特拉如是说》

为了遗忘,努力想起来吧

狮子终究得变成婴儿,因为它无法创造出全新的价值。我们可以成为狮子,替自己争取自由,启程前往"寻找自我之旅"。寻找过往回忆就能了解"我",然而那个"回忆"只会让我们驻足过去,无助于展开全新的人生。而天真的孩子们为何如此幸福?不正是因为他们"忘却"了昨天的过往,好好地迎接今天,每天都能重新出发吗?正因为他们懂得忘却,才能每天都过着幸福的生活。

能以全新的记忆认识全新的"自我",忘掉昨天的"我",每天都遇见全新的"我",我相信这才是真正幸福的生活。记忆非常重要,因为它正是"我"的化身。然而,"一路以来我都一直不停地变化"这个记忆才是最重要的,借由"一成不变的自我并不存在"的记忆,可以让我们不再执着过去的"我",并学会忘却。

反正既然没有一成不变的"我",那么忘掉昨天的"我"不就好了?只有借由遗忘,才能创造不受过去束缚的全新记忆(自我、自我意识)。记忆之所以重要,就是为了要遗忘,正因为有了"为遗忘而存在的记忆",全新又愉快的人生才得以实现。当真正发现"我"的记忆时,我们才能忘掉"我"的这个存在,届时,便能像天真的孩子般幸福。努力想起来吧,为了要遗忘!

哲学家指南:费希特

"这世界并不存在!"某位唯心论者曾这么说过。太荒谬了!世界明明就在我们的眼前,竟然说它不存在,未免太过荒诞。但就在我们理解"观念论"之后,或许不但不会觉得这很荒唐,反而还会频频点头称是!费希特与谢林[1]、黑格尔[2]并列为"德国唯心论"的代表哲学家。

---

1. 弗里德里希·谢林(Priedrich Wilhelm Joseph von Schelling),德国哲学家,是德国唯心主义发展中期的主要人物。
2. 格奥尔格·威廉·弗里德里希·黑格尔(Georg Wilhelm Friedrich Hegel),德国哲学家,是德国十九世纪观念论哲学的代表人物之一。

唯心论为唯物论的对立用语。唯物论认为实际存在（物质）要比观念更为优先。大多数的人都是唯物论者，因此会对唯心论较为陌生。当我们看着苹果说出"有苹果"时，是先有了苹果的这个实际存在（物质），等到看到它之后才会产生观念（认知、认识）。各位请回想一下在电影《黑客帝国》（The Matrix）的世界中，根本就没有实际存在（物质），所有一切都只是出现在人脑中的幻影（观念）。

费希特会强调"自我"也是出于相同道理。"我"这个概念比任何特定对象都还重要，他才会如此强调"自我"的重要性。"专注于你自己，专注于你的精神生活，而非周围的一切。要关心的并非你外在的任何一切，而是你本人。"我现在懂了，在"我"和对象之中，重要的是"我"，因为"自我"创造出的观念先于实际物体（物质）。费希特透过"自我"和"非我"的概念说明唯心论。"非我"并不难懂，就如字面意义所说"不是我"的那些东西。像水、钟表、衣服等实际存在（物质）就是非我，可以说存在于世上的那些东西就是非我。费希特曾对此说过："自我为非我的反命题，而非我也在自我当中成为反命题。"乍听之下似乎有些难懂，但其实非常简单。

假设有一杯水，费希特会说水的这个"实际存在"是存在于自我的"观念"中，因此它的非我并不存在，水存在于自我的观念中，仔细想一想，这句话说得也没错。因为"我"认知和认识（观念）到某个透明的物质，它才会成为水。某个非我（水）都是因为"我（自我）"早已知道，才得以确立（存在）。因此可以说确立非我（水）的就是自我（我），而这可说是在自我之中形成。

费希特曾说过"对象早已被置入自我之中"，这句话明确道出了唯心论。并非先有对象（物质、实际存在）的存在，而是先有自我（观念）存在。衣服、水、钟表等实体（物质）上的物品之所以存在，都是因为它们早已被置入名为自我的观念当中。所有的非我（物质、实体、对象）都在自我的观念中形成，因此费希特才会说非我在自我当中是反命题。对不熟悉唯心论的我们而言，他的唯心论听起来十分新颖。说不定哪天你一听到某位唯心论者说出"这世界并不存在！"时，就会竖起耳朵来仔细听听呢！

 **07** 该选择梦想还是现实

——黑格尔的"辩证法"

因梦想而受伤的理由

有一个梦想成为职业拳击手的男人,他任职于一间不错的公司,同时是两个孩子的爸。成为拳击手是他自小就极力想达成的梦想,所以常会试探性地对身边的人说:"其实我想当一位职业拳击手,希望哪天梦想可以成真。"我们可以轻易猜到那些人会怎么回答他。他的朋友们说:"喂!你知道自己今年几岁了吗?"同事们说:"你别老想这些无谓的事情,要是无法升迁该怎么办?"太太说:"清醒点吧!打拳击可以让你填饱肚子吗?"父母则说:"儿子呀,你别再天马行空了,还是好好认真工作吧。"

有梦的人就不切实际吗

怀抱梦想的人总是被迫接受暴力的二分法。"你要选择梦想还是现实?"这样的二分法带有"梦想根本就不切实际"的意思,同时也具有"不懂现实才敢做梦"的想法。梦想之所以会窒息而死,正是因为受到这种暴力的二分法所迫。我们的梦想为何会沦落到被关进堆满厚重灰尘的最后一格抽屉呢？因为世人至今仍无法摆脱"梦想根本就不切实际""不懂现实才敢做梦"的信念。

为了守护珍贵的"梦想"，必须得先将重点放在"现实"问题上。强力阻挡梦想，让它窒息的，正是"现实"这个问题。"做梦的人一点都不切实际！""就是因为不懂现实，才会一直说梦话！"这样的想法真的对吗？被世人嘲弄和指责的追梦人，应该要从这个问题重新出发："有梦的人就不切实际吗？"

辩证法的哲学家——黑格尔

回答这个问题的哲学家是格奥尔格·威廉·弗里德里希·黑格尔，这里不必探讨黑格尔庞大的哲学思维，只要透过他在哲学上的代表——"辩证法"，就能得到我们想要的答案。黑格尔的"辩证法"常被记成是"正、反、合"的公式。有些人将辩证法解读为，当有"白（正）"又有"黑（反）"的时候，只要将两者合起来就会变成"灰（合）"。虽然不能说这种诠释方式大错特错，但也不能说它完全正确。先来仔细了解一下黑格尔的辩证法。

有一位只住过洞穴的原始人，想要打造出一个"可以舒适生活的空间"，便按照自己的想法盖了窝棚。过了一段时间，某人看到那间窝棚，想着要打造出"更舒适一点的房子"，便盖出了瓦房。再经过一段时间后，某人看到了那间瓦房，想着要打造出"国王居住的房子"，便盖出宫阙。我们就当成所有人都是通过相同的过程,进而打造出公寓和摩天大楼。我们可以借由这样的过程,更准确地诠释黑格尔的辩证法。

辩证法:精神(正)→对象(反)→精神(合)

黑格尔的辩证法公式可说是不停重复着"精神(正)→对象(反)→精神(合)"的过程。想想从窝棚变成公寓的过程吧,以最初的原始人精神(正)构想出"原始居住空间",并以"窝棚"这个对象(反)加以实现。这时有人看到实现后的"窝棚",在里面住上一阵子后,产生想要将它打造成让人住起来"更加舒适的居住空间"的这种精神(正)。这个精神(正)又再次借由"瓦房"这个对象(反)来实现。重复相同的过程,在经历过实现后的"瓦房",产生了想要打造"可以一起居住的更大空间"的精神(合),而这个精神又再次借由"公寓"这个对象(反)加以实现。

让我们把这个反复的过程写成公式:"精神(构思窝棚)→对象(窝棚)→精神(构思瓦房)→对象(瓦房)→精神(构思

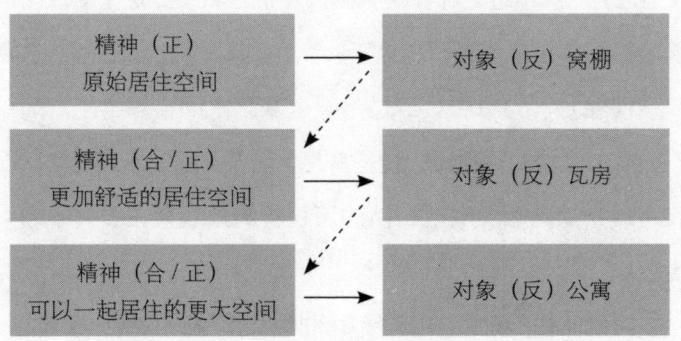

公寓）→对象（公寓）。"也就是说，正（精神）创造出反（对象），而那个反（对象）又会再次激发正（精神）。换句话说，将构思的东西实现后，实现的产物又会再次激发出新的构思，这就是黑格尔的辩证法，也是某个"精神"创造出"对象"，那个"对象"又再次激发出"稍微更高阶段的精神"的环状运动。总而言之，我们可以说黑格尔的辩证法是一种"精神与对象的辩证法"。

理性即为实际，实际即为理性

黑格尔在《法哲学原理》（*Grundlinien der Philosophie des Rechts*）中提到："理性即为实际，实际即为理性。"已经了解黑格尔辩证法的我们，应该能轻松理解这两句话的含义，就是说要将脑中（精神）思考的东西实现，实现后的成果又会再激发出更加进步的想法（精神）。我们再看一次从窝棚发展到公寓的历史动向。

当大家认为住在"洞穴（实际）"是理所当然的时期，"窝棚（理性）"只不过是存在某人脑海中的白日梦。过了一段时间，当大家都相信住在"窝棚（实际）"里才算现实，"瓦房、宫阙、公寓（理性）"的想法只不过是某个梦想家的妄想罢了。简单来说，黑格尔所谓的"理性"就是梦想，而"实际"就是现实状况。现在将目光从窝棚发展至公寓的历程转到曾经存在于其中的个人生活吧！

在习惯住在"洞穴（实际）"中的时代里，第一个想出"窝棚（梦想)"的原始人是何种存在？当大家都相信住在"窝棚（实际）"里才叫实际的时代，第一个想出"瓦房（梦想）"的人是何种存在？第一个想出当时不存在的宫阙、公寓的人又是何种存在？在此可发现一个惊人的事实——将窝棚、瓦房、宫阙、公寓这些不存在的东西实现的人，竟全都是理想主义者！

只有做梦的人才实际，实际才会成为梦想

现在该回到我们的人生看一看。若将黑格尔"理性即为实际，实际即为理性"改成这样："只有做梦的人才实际，实际才会成为梦想。"怀有梦想的理想主义者常会受到世人死命的攻击："你的梦想根本就不切实际！""你就是不了解现实，才敢做那种大梦！"对于理应接受的这些忠告，黑格尔会回答："只有做梦的人才实际，实际才会成为梦想。"

事实不正是如此吗？对于安居在洞穴里的人来说，根本看不见住在洞穴的这件事（实际）有多么不便，只有梦想着要打造全新居家形态的人，才能赤裸裸地看见住在洞穴里（实际）有多么寒冷和不便。他们想要逃离的那个现实（住在洞穴里的生活），不正是让梦想（窝棚、瓦房、公寓）得以实现的原因吗？黑格尔说得没错，"理性即为实际，实际即为理性"，只有做梦的人才能看清现实，而那个现实才会进而成为梦想。

"实际"的两种含义

梦想着"要辞掉工作，启程前往环游世界之旅"的人都很清楚，世人会将责难包装成箴言和忠告："你的梦想根本就不切实际！""你就是不了解现实，才敢做那种大梦！"但谁会不了解"现实"呢？当职场让灵魂窒息，想要刻意回避这个现实的，不是梦想环游世界的人，而是没有任何梦想、过一天算一天的人。正因为没有面对现实的勇气，他们才无法真正地去了解现实。梦想进行环游世界之旅的人反而最讲求实际，从以下两个角度来看都是如此。

第一，从"面对自己现在所处现实"的角度来看，他们非常实际。他们准确地认知到"继续做只为赚钱而不具任何意义的工作"这个现实有多可怕。但必须要先做梦，才能看清楚这个现实的全貌，这是多么实际啊！第二，这些人必须要具体烦恼该如何克服这些现实。从这个角度看来，他们更加实际。算一算退休金，再加上所有的保险和储蓄，却发现钱还是不够用。所以他决定为了环游世界之旅，再继续上六个月的班。这世上还找得到比他更实际的人吗？

做梦的人都很实际，所以是理想主义者

没错，做梦的人都是非常实际的理想主义者。不，唯有做梦的人才能成为真正的现实主义者。我们总是相信那些没有虚浮梦想的人才是现实主义者，但事实却正好恰恰相反。讽刺的是，这些

现实主义者都看不清楚现实，刻意回避自己必须克服的现实，只愿意承认必须要接受的现实。这样的人实际吗？说出"住在洞穴里不是理所当然吗？要亲自动手盖房子？这都是无稽之谈"的人实际吗？

原始人所接受的现实只不过是愚蠢或怯弱的体现。愚蠢的是，他无法用理性想象出洞穴以外的某种居住空间；怯弱的是，他害怕走出熟悉安适的洞穴，打造一个全新的居住空间。但我似乎能理解，那些以现实主义者自居的人，为何总是想给试图圆梦的人建议和忠告。是否因为他们想要把自己突然暴露出的愚蠢和内心的卑怯合理化？"环游世界？根本不切实际。你就是看不清现实才会这么做。"这句话其实不正是"我才不是因为愚蠢又怯弱而不去环游世界！"的自我辩解吗？

真正的梦想 VS 虚假的梦想

我们还可以从此处学到判别"真正的梦想"和"虚假的梦想"的基准。不为世人所笑、不为世人非难的梦想就不是真正的梦想，因为真正的梦想总是毫无保留地呈现出最赤裸的现实。不仅是"必须要接受的现实"，还包含了"必须克服的现实"。因此，怀抱真正梦想的人总是成为世人嘲笑和非难的标的，就像是一开始梦想着窝棚、瓦房、公寓的那些人被世人嘲笑。

想要去环游世界，想要成为电影导演、诗人、职业拳击手等这些梦想总会被大家嘲笑非难，正因如此，它们才是真正的梦想。

因为它们想要超越的是"现在只有柴米油盐酱醋茶才实际"的这个现实。而想要成为管理阶级、屋主、投资高手的梦想其实是虚假的，因为它们非但未受到嘲笑非难，反而还受到世人的认同和推崇。那些人只承认自己必须顺应接受的现实，却刻意回避隐瞒了需要克服的现实。

怀抱虚假梦想的人不切实际，怀抱真正梦想的人讲求实际。梦想成为管理阶层、屋主、投资高手的人，虽然正视有钱就能成为一切的这个"必须接受的现实"，却过着无视和隐瞒"需要克服的现实"的生活。他们可说是只接受了一半的现实，因此这些人根本不切实际。然而那些想要达成真正梦想的人，他们除了"必须接受的现实"之外，为达成梦想，他们还得接受所有"需要克服的现实"。所以怀抱真正梦想的人，才称得上是真正的现实主义者。

跨越"你要选择梦想还是现实？"的暴力二分法

当我们被"你要选择梦想还是现实？"的暴力二分法所淹没时，现实将会对梦想造成两种负面的影响。第一，现实会扼杀梦想。我们都明白，只要尝试往珍视的梦想迈出一步，你就会听到许多令人踌躇犹豫的耳语："你怎么那么不切实际？"梦想就这样被扼杀了。第二，现实会扭曲梦想。紧缠着我们不放的现实，会将"想要实现的梦想"扭曲成"必须完成的目标"。管理阶层、屋主、投资高手等扭曲的梦想就是这么形成的。因此，倘若你还在梦想与现实之间苦恼，请务必重新思索一下黑格尔的话。

"理性即为实际，实际即为理性"，梦想与现实并不是只能二择一的矛盾存在。反之，我们只有在做梦的时候才能看清现实，那个现实会告诉我们该如何实现梦想。就如同梦想着窝棚的原始人一般，希望我们都不要轻易放弃自己的梦想。我们能成功做到这件事，就能成为一位现实主义者，正视所有一切必须接受或克服的现实。愿我们彼此都能成为一位努力实践自己梦想的实际理想主义者。

哲学家指南：黑格尔

说到黑格尔，就不能不提他"世界精神（绝对精神）"的概念，先来看他如何诠释历史。黑格尔从辩证法的角度诠释历史。他导入辩证法来说明世界万物不停变迁的现象。历史以这种方式发展：某个精神在成为对象之后，再由那个对象激发出更进一层的精神。而这里最大的重点就在黑格尔所指的"精神"。

这个"精神"并非单指某个人的精神，而是超越个人概念的庞大的"世界精神"。黑格尔认为基本上以个人的精神能力，无法做到以批判思维来实现超越过去的时代。他认为是某个巨大的思维力量以个人精神作为媒介，才得以开创出窝棚、瓦房、宫阙、公寓等全新的文明。那股巨大的思维力量正是黑格尔所指的"世界精神"。他是这么说的：

> 在哲学史中所指的个人就是世界精神。哲学在叙述历史时所提出的对象，就是以具体形态出现，以及必然会透过进化领会到的具体对象。哲学讲述的最初事实并非人民的命运、能量和热情，也并非事件所造成的非常态轰动，而是精神本身——经由那些事件所产出的精神。
> ——《哲学史讲演录》（Lectures on the Philosophy of History）

根据黑格尔所言，有一种超越个人精神的力量，使世界能发展得更加完善，就是"世界精神"。黑格尔曾对同时代的人物拿破仑说："看这活生生的世界精神！"有人认为这是黑格尔对于拿破仑的赞颂，但这是误会。严格来说，这比较像是他赞颂自己发现了"世界精神"的概念。他认为"世界精神"这股巨大力量是以"拿破仑"为媒介出现的。黑格尔主张世界通过"世界精神"在辩证法上展现出自己的面貌。

但他在此遇到了严重的矛盾。倘若历史是以辩证法的方式持续发展，那他的哲学岂不是在未来的某天也会像窝棚和瓦房一样，沦为老旧过时的理论吗？连使用辩证法思维模式的辩证法本身也会落入险境。这等于是自己的哲学理论被否定了。他如何克服这种矛盾呢？

黑格尔打算阻止历史的发展。若能成功，他的哲学就不会变成老旧理论。但最大的问题在于方法，他要如何阻挡这股名为世界精神的巨大思维力量所引领向前的历史呢？黑格尔大胆地试图完成历史。根据他的说法，虽然历史依据世界精神发展，但那样的历史也会有终点——正是黑格尔生存的时代。这就是黑格尔的辩证法具有目的性的原因——历史正在走向已经定好的目标，若目标达成，历史就跟着完成了。

"普鲁士王国万岁！"黑格尔这声呐喊，代表着世界精神要完成的目标，正是他所在时代的国家。若历史已经完成，就无须继续进步。"过犹不及"这个词就是用在这种时候，黑格尔的哲学思考能力太过卓越，所以他才会打算要终结掉（完成）持续至今的历史。

 **08　努力就会有所不同吗**

——马克思的"历史唯物论"

努力不再受重视的时代

"你真的尽全力去做了吗？"这个问题偶尔会令我们退缩。生活难免会有不尽如人意、让人犹豫不决或拼命寻找借口的时候。此时若有人直接丢一句："你已经尽力了吗？"就会让人惊而萌生退意。看看现在的社会，现下是个求职人员泛滥，甚是连约聘职缺都没有的时代。因为没有合适职位，求职者只好去汉堡店打工维生，即使在那里忙了一个小时，仍旧吃不起店里的一份汉堡套餐。

在这样的社会中，若问人"你尽力了吗？""你努力过了吗？"，只会令人感到愤怒而非空虚。更叫人气愤的是，听完这些话，人们就会不自觉地开始自责："我的努力是不是不够？"没错，我们到了一个努力不再受重视的时代。我们不能否认创建"三星集团"的李秉喆和"现代集团"的郑周永比任何人都要努力，但若是从基层开始白手起家的他们生在现代，运气好点或许还能当个约聘人员，运气差点说不定就只能当个汉堡店的工读生。

努力就会有所不同吗

这时，聪明人就会发问："努力就会有所不同吗？"当今的聪明人很难摆脱厌世主义，因为若以客观冷静的角度来看社会，就会发现毫无任何希望。出生在富裕人家的孩子，不费吹灰之力就能轻松出国留学，甚至还能继承丰厚的家产；生于贫困人家的孩子，即使费尽心思拼命努力，依旧无法摆脱成为打工人员的命运。身处在这样的世界，怎能叫人不厌世呢？与其说"努力就会有所不同吗？"是在冷嘲热讽，倒不如说这个问题问得既合理又聪明。

然而，这个世界会追问这些人："不然要怎么办？不努力就会有所不同吗？"虽然这个时代很明显是个努力不受重视的时代，但我们却无法找出任何合理的解释来回复这个问题。因为不管世界再怎么荒谬，若不付出任何努力，也不可能会有所不同。我们生活在一个不公的世界，因此面对"努力"的问题，只能暗自苦恼纠结。若想要坚毅地在这世道中求生，就必须找出这个问题的明确答案："只要努力，人生真的就会有所不同吗？"

历史唯物论

回答这个问题的哲学家，是以《资本论》（*Das Kapital*）闻名于世的卡尔·马克思（Karl Marx）。为了得到解答，我们必须了解马克思的"历史唯物论"。在了解这个陌生的概念之前，先来看看什么叫作"唯物论"。唯物论认为"物质是根本的实在"，这和唯心论——把内心或精神等观念视为实在，是相反的。假设桌上有一个杯子，唯物论者会认为它是一个名为杯子的物质实在，而唯心论者则会认为，我们的精神在看到杯子后所产生的观念（杯子的形象）才是实在。

基本上可以说马克思是一个唯物论者。他认为物质非常重要，因此自然会批判唯心论，但他也同时批判了当时的传统唯物论者。他认为当时的传统唯物论是"机械唯物论"，简单来说，机械唯物论认为"所谓的人类和人类吃进去的东西并无不同"，也就是指组成对象的物质定义了那个对象。若你觉得艰涩难懂，就让我用例子说明。

欧洲会把过去的城堡建筑物改造成饭店使用。对机械唯物论者而言，"过去的城堡"和"现在的饭店"是同一个对象，即使经过改造和修缮，组成对象的物质非常相似。但在不懂哲学的我们眼里，都知道城堡和饭店有所不同，假使它们在物质方面完全相同，我们也很难断定两者就是同一个对象。马克思始终无法同意这种机械唯物论的看法。

"实践"的哲学家——卡尔·马克思

虽然城堡和饭店在物质上相同，但在某方面来说又不太相同。马克思会怎么诠释那个"某方面"呢？他将它称为"实践"（Praxis）。"实践"代表的是人类有主动意识的活动，也就是说，是将理论或想法转移到有意识、主动的活动上或加以实行。简单来说，可将实践称为主动的努力。马克思认为城堡和饭店的差异就在于实践,也就是所谓的主动努力。

这听起来有点难懂,让我们再重新整理一次,城堡和饭店明显不同,具体来说有哪些地方不同?即使有钱也买不到城堡,因为在过去的封建时代,只有国王或贵族阶级才能拥有城堡,但饭店可就完全不同了,任何人只要有钱就能买。马克思认为这些差异是通过"实践"形成的。

具体来说,城堡和饭店之间的差异是通过"资产阶级革命"和"工业革命"这些"实践"出来的。通过名为资产阶级革命的实践,社会由过去的封建制度转为民主制度;通过名为工业革命的实践,建立起资本主义体系。通过这些实践所带来的历史变迁,我们得以认知城堡和饭店的明确差异。到头来划分对象(城堡—饭店)的并非"物质",而是"实践"。这正是马克思"历史唯物论"的观点。

我能理解马克思在《雇佣劳动与资本》(*Wage-Labor and Capital*)一书中所提到的:"黑人就是黑人,他们只有在特定的关系当中才会变成奴隶。"就算黑人在物质上是个黑人,但他会成为奴隶或是自由之身的前提就在于"实践"。黑人只有在没有实践的时代、在特定的关系中才可能成为奴隶。

我们的努力该是哪一种

再回头来看我们的生活。若问马克思:"只要努力,人生真的就会有所不同吗?"他应该会说:"没错,这个世界因无数的实践（努力）而改变，未来也将会继续如此。"什么是"实践"？不就是将个人主动的努力换个说法而已吗？听完这答案让人更加郁闷了。在当今时代，哪有不拼命努力的人？大家不都是在用心地实践（努力）吗？不，比起"用心"来说，"苛刻"这个词反而更加贴切。即使那么努力了，我们的生活依旧没有任何改变，未来似乎也不会起太大变化。所以就算马克思这么说，听起来还是令人感到阴郁沉闷。

到底是哪里出问题了？支撑马克思"历史唯物论"的不就是"实践"吗？这里暂且回顾一下实践，我们那么用心努力的实践究竟为何？每个人不都是忙于苦读英语、准备就业、处理业务、投资股票或自我开发吗？现在，该好好地询问一下，我们的努力该是哪种"实践"。我们的实践属于个别、普遍化的实践，因此具有瓦解共同体的功能，那么让黑人得以成为自由之身而非奴隶的，是哪种实践呢？让他们为了成为更受肯定、更加顺从、更具有竞争力的奴隶的，又是哪种实践呢？

你是否正在进行"抵抗"的实践？

黑人的实践，是果断坚毅地拒绝奴隶生活的实践，是某位黑人女性在公交车上拒绝从白人专用座位站起的实践！是某位黑人拳击手因自己身为黑人而被赶出餐厅之后，愤而将自己的金牌丢入河里的实践！无数个黑人通过抵抗种族歧视的实践，才让他们成为自由之身。若没有经过如此激烈的努力，黑人到现在说不定还只是个奴隶吧。

马克思所谓的"实践"并不是要我们成为更受肯定、更加顺从、更具有竞争力的奴隶,而是要奋力抵抗这个剥削我们的世界。他的"历史唯物论"与"实践"要传递给我们的教诲非常清楚,他要我们手里拿着烛火和石头上街!若实在不行,至少也得去投票处投票!他要我们拼命顽强地抵抗,若没有这些抵抗性实践,历史就永远不可能会站在我们这一边。

卡尔·马克思与恩格斯(Friedrich Engels)在《共产党宣言》(*The Communist Manifesto*)中说道:"无产者在这个革命中失去的只是锁链,他们获得的将是整个世界。全世界无产者,联合起来!"马克思想要阐述的实践就是"抵抗性实践"。这并非只为了"我"一人,而是为了"我们"的共同体实践。这种实践要如何实现呢?只要有爱就行。抵抗性实践的基础必须要有彼此互相照顾、爱护之心。

实践的基础必须先有爱才行

若无彼此爱护之心,要如何让全世界的无产者联合起来?只要我更加努力工作,就能过上好日子,谁管其他人要不要罢工?黑人们的抵抗性实践应该也是如此,若他们无法互相照顾,也没有彼此爱护之心,他们的实践打从一开始就不可能成功。具有抵抗及共同体性质的实践,必须伴随着彼此爱护之心才能实现。

现在是个什么样的世界?不正是一个努力也不会有任何改变,

也不会失去什么的世界吗？我们需要全新的世界，需要一个只要肯努力生活就会因此不同的世界。因此我们现在要做的，并非自扫门前雪的实践，而是马克思所说的——必须仰赖彼此互相照顾与爱护之心，依此来进行的抵抗性实践。当这些实践相加，那个"只要肯努力，生活就会改变"的世界，某天必定会到来。

哲学家指南：马克思

若想再进一步了解卡尔·马克思，得先探讨他对"人类"抱有的观点。在马克思之前的哲学家都是以彼此各自不同的基准来回答这个问题："人类是何种存在？"哲学家费尔巴哈（Ludwig Feuerbach）替人类本质下了"爱"与"意志"的定义；笛卡儿则是下了"理性"的定义。但马克思却不认同以这种方式来定义人类，他无法接受从人类具有的许多特性中，只挑出几项来定义人类本质。更进一步来说，他瓦解了以这种方式来定义人类的概念。

那么他如何定义"人类"呢？通过《关于费尔巴哈的提纲》（*Theses on Feuerbach*）一书来看他是怎么说的。"人类的本质并非存在于人类各自身上的抽象物。以现实来说，人类的本质就是一切社会关系的总和。"对马克思而言，"人类"并非先天存在，也非永远不变的某种存在，人类会根据所处的环境，变成截然不同的存在。奴隶之所以会有奴隶意识，是因为他处于一个只能生为奴隶、以奴隶身份成长的社会关系，主人会有主人意识也是相同道理。

马克思自此把先前传统的"人类"概念全数解体，因此到了马克思时期，人类不再是具有"爱"或"理性"等某种先天、永久、特定、本质的存在，因为人类的本质定义于社会关系之中。

认同马克思的奴隶就会怀抱希望，因为他明白自己不是天生也不是永远的奴隶，而是身处在一个不得不作为奴隶的社会关系之中。领悟到这点的奴隶会怎么样呢？他会力求改变这个世界，只要改变自己身边的社会关系，他就可以不当奴隶，成为主人。

相反，对于拥有奴隶的主人来说，这是个极为危险的想法。只要使唤奴隶，就能过着舒适的安逸日子，但奴隶却突然想要改变这样的社会关系。对于身为历史强者的"主人"（国王、贵族、资本家）而言，马克思的哲学非常危险。因为他让那些总是听话顺从的"奴隶"（臣子、下人、劳工）说出："你与我是没有区别的人类！"并试图挑战并重整社会关系。马克思会如此高呼革命，是因为他相信"只要人类的社会关系改变，人类就能成为另一个存在"。

 **09 人生如何不受风向影响**

——尼采的"权力意志"

受到风向影响，人生将会郁郁寡欢

平日早上七点，韩国的地铁江南站可说是人潮汹涌，处处可见背着书包的学生和系着领带的上班族。学生们从一大清早就忙于补习英文、中文、日文，上班族则是急急忙忙地赶去公司。只要仔细观察这群人，你就会发现很难在他们身上找到任何有关愉快、欢乐、活力等字眼，他们脸上有的仅是忧郁、不安和匆忙的表情。

难道韩国只有平日早上的江南站才是如此吗？与愉快、欢乐、充满活力的生活相比，我们已经习惯忧郁、不安和匆忙的人生。人人都希望自己的生活是充满愉悦的，但为何却渐渐远离了愉悦呢？难道就像世人所说的"要养活自己都很难了"？若不在一大清早就起床出门读书、工作，就无法在现今社会存活吗？这些都只是表面的理由，并未渗透到根本原因。

我们总是受到风向影响，这才是根本原因，同时也是让我们和愉快、欢乐渐行渐远，进而被忧郁、不安、慌忙层层包围的根本原因。只要看一看四周便能知晓，有多少人是开心地去学习外语，准备证照考试的？有多少人是因为工作有趣才去做的？在读书和工作的同时，人们会越来越感到忧郁、不安和慌忙。这样的生活方式与其说是"为了维持生活"，不如说是被父母、老师、前辈和朋友的这个说法给左右才会如此："大家都是那样的！"

只要稍微腾出一点空闲来看看世界就能明白，还是有很多人即使为了糊口而忙碌，也不会被世界的风向给左右。他们过的是愉快、欢乐又充满活力的生活。如此说来，我们得向他们讨教一下"如何不被风向给左右"，而非"该如何维持生计"。

尼采式提问法

替我们回答这个问题的哲学家是弗里德里希·尼采（Friedrich Wilhelm Nietzsche）。若想要了解他，就得先探讨他的"提问方式"。在尼采出现之前，哲学的主要提问方式为："本质为何？"举例来说，假设我们问了："何谓强大？"可能会得到"力气大，具有丰富的学识，可以包容他人的能力"等答案。在尼采之前的众多哲学家，听完这样的答案后，会再次发问："好，若这些都能说是强大，那它们应该会具备某种共同点吧？"

哲学家们真正想问的是："强大的本质为何？"诸如此类的答案，"力气大""具有丰富的学识""可以包容他人的能力"，都只是强大的其中一个剖面，而不是它的本质。强大的本质是能够贯穿所有剖面（力气、学识、包容）的共通点，这个才叫本质。尼采之前的哲学都是着重于找出某种对象的本质，所以一般的提问方式也只会是："本质为何？"但尼采却改变了执着于追寻本质的传统提问方式。

尼采把"何谓强大"的问题改成"为何想知道何谓强大"。西方的传统哲学执迷于追寻真理。无论在什么情况之下，他们都想得到确凿且显见的真理，因此才会对本质如此执着。他们认为若能掌握世间万物的本质，就能找出真理。但尼采不问真理为何，他想知道的是抓住真理的力量或意志为何。

"心计繁多"的哲学家——尼采

讲白一点，尼采问的是"心计"。若有人想了解强大的本质而发问，尼采问的就是那个人想要了解强大的背后动机为何。尼采的哲学核心在于"询问是否有东西表现或隐藏在真理之中"。当有人询问真理（它是什么？）的时候，尼采会再问自己："那对我来说有什么意义？"尼采将意义和价值引进了原本以真理为中心的哲学。

这非常具有革命性。怎么说呢？"这是什么？"这种以真理为中心的提问方式，会将对方局限于问题中，让他在里面不断挣扎。但若将提问的方式改为："你问这个问题的动机为何？"情况就会明显不同。在询问某个问题的意义或价值的那一刻起，我们便能站在问题之外思考。可以说是借由改变提问方式，来实现全新的思维模式。在《尼采遗稿选》（*Nachgelassenen Fragmente*）中，能清楚看见他的态度：

> 本质与本性都属于观点，并以多样性为前提。而"那对我（对我们或所有存在）而言是什么？"这个问题则是一切的基础。……假设少了一个对所有事物都建立起自己固有关系和观点的存在，那样事物将会依然没有定义。

尼采指出传统哲学追寻的本质或本性都只属于观点，并要以多样性为前提。也就是说，一成不变的本质或本性皆不具任何意义。重点在于"那对我而言是什么？"这个问题。意思就是，那个东西对我的意义或价值才是真正的重点。

尼采的"权力意志"

现在我们可以来讨论尼采哲学的核心概念——"权力意志"，也就是发现"问题的意义"，了解为何要问那个问题。换句话说，就是要了解问题的相关"力量"。让我们想想这个问题："要怎么赚钱？"若被这问题局限，就只能回答出做生意、找工作、偷拐抢骗等答案。但若找出这个问题的"意义"，情况就会因此不同。让我们试着用尼采的方式提问。

我们将刚才的问题改为："为什么要问'要怎么赚钱？'这个问题？"就能看见它背后的"力量"。可以知道是什么"力量"

让人问出"要怎么赚钱？"。那股"力量"可能是出于小时候因家里贫穷而受辱的个人内心创伤；也可能是出于当前这个将资本价值看得比人还高的资本主义社会结构。只要追问"问题背后的动机"，就能看出隐藏在其中的某种"力量"。

我们现在可以明确定义何谓"权力意志"了——找出问题背后的"意义"（心计），了解支配着发问对象的"力量"为何。不管对象是谁，这里都结合了支配（下命令）与被支配（服从）两种力量。负责把这两股力量区分为支配与被支配的就是意志。反之，意志也能被这两种力量的关系所定义。尼采把这种意志称为"权力意志"。

听起来有些难懂，让我们来举例说明。教室里有老师和学生。老师具备"老师的力量"，而学生有"学生的力量"。老师的力量在这里是属于支配（下命令）力量，而学生的力量是属于被支配（服从）力量。在"老师—学生"的关系中，存在着某种肉眼看不到的"意志"，正是那股"意志"让老师成为支配力量，让学生成为被支配力量。这股意志就是"权力意志"，它创造出"老师—学生"的关系。看尼采是怎么说的：

> 这世界是权力意志，除此之外什么也不是。你们也是这股权力意志，除此之外什么也不是。
>
> ——《尼采遗稿选》

世界是以"较量"建立起的关系

尼采把世界称为"权力意志",我们也是"权力意志",这整个世界都是"权力意志",该如何不受世界风向左右的线索就在其中。我们认为自己生活在显见的世界中,便对这种生活方式照单全收,难怪只能问出这些问题:"要怎么提高分数?""要怎么考取资格证?""要怎么赚钱?"

对尼采而言,世界并非理所当然的存在。他认为世界是由支配力量与被支配力量之间的较量所形成。仔细想想,事实不正是如此吗?老板可不是平白无故指使员工做这个做那个,而是因为老板手上握有薪水族所没有的、名为资本的力量。现在"老板—员工"的这种不合理关系,也只不过是源于"以较量建立起的关系"。

"权力意志"是"以较量建立起的关系"的产物。世界是由这种"以较量建立起的关系"所形成。"父母—子女""老师—学生""老板—员工""男人—女人""总统—国民"等,世界上所有的关系都是因"权力意志"而生。我们会受社会风向左右,是因为我们将世界视为理所当然,然后去顺应它的缘故,结果就是,我们不带任何批判地接受了作为世界的"权力意志"。

不受社会风向左右的方法

重新回到先前的问题:要如何才能过不受社会风向左右的

生活？我们需要努力试着找出"权力意志"。就如同尼采的提问方式，比起追寻真理，我们更该询问的是追寻那项真理的缘由。为什么要问出那个问题？问题的背后藏有什么样的动机？我们必须努力找出问题的意义和力量。比起追寻"为何求职"，我们必须回过头来追寻为何要问这个问题。此时便能明白："若不就业就无法生存"这荒谬不合理的"权力意志"，埋藏在社会的各个角落。

尼采的贡献非常明确。他把"权力意志"的概念导入哲学，创造出能以批判角度思考并评价世界的"批判哲学"。他通过全新的提问方式，带来犀利的批判意识。若是尼采哲学的追随者，自然也会跟着拥有犀利的批判意识。世人常对这类型的人说："干吗要这样曲解意思？""为何要这么负面？"

但千万不可忘记：正因为我们不具备犀利的批判意识，所以只能受社会风向左右。虽然尼采称世界是"权力意志"，但他也称我们为"权力意志"。我相信尼采所言代表的是："若不放下对社会的犀利批判意识，那么构成世界的权力意志就有可能分裂。"

韩国人民都曾经历过：总统的力量是支配力量，而人民则是被支配力量。我们对于"以较量建立起的关系"非常熟悉，也接受由此种"权力意志"所构成的世界。然而，就在二〇一六年冬天，有好几百万名韩国人手持烛光走上街头，高呼着要弹劾总统，创造出全新的"以较量建立起的关系"。如今韩国人民住在另一个世界,那是一个由人民为支配力量、总统为被支配力量所构成的世界。他们可说是创造出了全新的"权力意志"。

不受世界风向左右的方法?只要创建全新的"权力意志"即可。某天当你找出支配世界的"权力意志",犀利的批判意识会就此展开。别再被问题拘束,而是要不停地追问那些问题背后的动机,如此一来,世界才会由我们所掌控。

哲学家指南:尼采

想再进一步了解尼采,就要先探讨"系谱学"。尼采所强调的是批判哲学,他崇尚以批判角度思考世界和社会的哲学,被当作批判哲学方法论提出的正是"系谱学"。依照字义所述,系谱学就是找出系谱的学问。简单来说,就是找出"父亲"的作业,再从找出的"父亲"开始描绘出系谱支线,可说是系谱学在原理上的定义。

理论意义上,系谱学也可看作"族谱学",族谱学就是寻找象征"父亲"这种神圣起源的学问。然而,尼采在批判这种族谱学式的系谱学时,提出了另一种意义的"系谱学"。尼采的系谱学追究的是某个对象、概念如何形成,从何处展开。他主张世人认为理所当然的"好/不好""善良/邪恶""对/错"的价值判断颇有问题。

他试着追踪这些被认为理所当然的价值判断是透过何种历史而形成,并借此揭露价值判断是依据何种意图所形成,这就是尼采的系谱学。系谱学的课题在于揭露这项事实:人们之所以会相信"对"和"错"的价值,是在某人策划下才产生"对的"和"错的"的观念。

当得知自己毫不迟疑就认为是"坏的""错的"的对象,曾一度被认为是"好的""对的"的当下,必然会开始以不同观点来看待这个世界。

透过系谱学的追踪,能以截然不同角度看待婚姻、资本主义、国家概念等被视为理所当然的对象。若在历史上没有结婚机制也能有幸福的生活,我们就会对现在的婚姻制度存疑。若过去即使没有货币的积蓄和交换,人们也能过着正常人的生活,我们就会对现在的资本主义感到陌生。若发现即使没有国家这个机制,大家也能自然形成共同体,过着安乐生活,我们就会对现在的国家机制完全改观。

系谱学为我们带来"熟悉事物看起来不再熟悉"的批判眼光,若没有这种批判眼光,我们就离"可以用自己的"权力意志"对抗支配世界的"权力意志"非常遥远,接受自己是奴隶的黑人,就不可能拥有足以抗衡支配世界的"权力意志"。尼采的系谱学是足以替我们带来犀利批判意识的一种强力方法论。

 ## 10　一定要先思考过才能开口吗

——索绪尔的"语言"

你有没有先想过再开口

"你有没有先想过再开口？"当我们说出令对方难以接受的话语时，必定会听到这种斥责。每次被父母、老师或上司斥责时，我们就会想要退却，即使过了一段时间，这些话仍会在脑中盘旋，之后即使有想说的话，我们也不敢贸然开口。"可以讲这个吗？"世界强迫我们要先思考过后才能开口，而我们也毫无任何批判地接受这样的强求。

这种强迫行为正当吗？"你有没有先思考再开口？"这句斥责有个前提——"想法创造话语（语言）"。让我们想一想"漂亮"，不论是花、天空，还是人，我们都是先看到了那个对象，出现"漂亮"的"想法"之后，才会开口说出"漂亮"的"话语"（语言）。文字也是相同的道理，至少要先整理出"想法"后，才能写出"文字"（语言）。

在小心谨慎与畏首畏尾之间

"想法必须先于语言(话语、文字)"是一般人的常识,我能理解。先经思考才开口,会成为"小心谨慎"的人;而不加思索就开口,则会成为"轻率鲁莽"的人。符合常理的人会拥有美德,而不合常理的人则会成为被非难的对象。然而,有多少人知道,小心谨慎的另一面其实就是畏首畏尾。原本想成为一个先思考再开口的"小心谨慎"的人,到最后反而变成了有话却说不出口的"畏首畏尾"的人。从两者的共同点"要先思考才开口"的强迫观念来看,"小心谨慎"可能只是"畏首畏尾"的另一个名字。

小心谨慎之所以会受到称赞,轻率鲁莽之所以会受到非难,畏首畏尾之所以会让人感到难受,全都来自同样的理由,就是将这句话视为真理:"想法必须先于语言。"我们所相信的这个常识真的正确吗?再重新审视一下"想法—语言"的关系,并以不同观点来看一看"小心谨慎""轻率鲁莽"和"畏首畏尾"。

语言达人——索绪尔

有关"思考—语言"的关系,就交给语言学家费尔迪南·德·索绪尔(Ferdinand de Saussure)来替我们解答。索绪尔的语言学对哲学造成了极大影响,因此他除了语言学家的身份之外,还可被称作一位哲学家。各领域的达人不是都会有令人惊奇的事迹吗?索绪尔也不例外,他在语言方面展现出令人讶异的思维转换。

首先，来聊一聊在索绪尔之前和语言相关的传统思维模式。传统上，语言（话语、文字）是用来替代指示某样事物或语言用户的意图。这意味着人们使用语言来指示某种事物或表现某种意图。

举例来说，"电话"这两个字（语言）是☎（电话机）的名称。☎（电话机）叫作"指示体"，而"电话"就是用来表现指示体的文字。相同地，"吃"是用来阐述"某个人在吃的行为"。"电话"和"吃"这些语言是被用来指示某样事物或某种意图的工具，代表着在语言和指示体之间存在着某种对应关系。在索绪尔出现之前，"语言反映出指示体"正是语言的传统思维模式。

但索绪尔不同意这种传统的思维模式。他主张在"语言—指示体"之间，根本没有相似或一致的关系，在"电话"之间亦是如此。只要稍加思考就会发现，他的主张非常具有革命性，令人为之惊叹。简单来说，如果只是要用来称呼这个指示体，即使用"呼话机""转话机"等名称也无所谓。我们再多看一些索绪尔的语言学，以便了解他这看似荒唐的言论。

索绪尔的"语言"

索绪尔主张语言活动可分为"语言"（langue）和"言语"（parole）。来看一下什么是"言语"，它常被译为话语或发言，意指某些话语透过声带振动而发出的声音。当我们说"她真美丽"时，声带振动发出的语调、音色、音量、音波就称为"言语"。它最大特征就是一次性，因为不管说出"她真美丽"的人是男是女、是老是少，每个人的言语都不同。甚至同一人每次说话时发出的语调、音色、音量、音波都会有细微的不同。

那么"语言"又是什么？"语言"指的是在使用语言时必须遵从的规范。我们所谓的文法常会被归类为它的一部分。当五百个人说出"她真美丽"这句话时，虽然会产生五百种不同的言语，但语言却并非如此。那些人在说话时只会照着相同的规则和排序。言语的规则就是"语言"，它具有社会性，因为所谓的规则必须要有两个以上的共享对象才会成立。索绪尔主张这个语言就是语言学的对象，看他是怎么说的：

> 语言是透过言语储存于一个共同体之中的话者身上的宝物，也存在于他们大脑中。准确来说，是潜藏于所有个人脑中的语法体系。因为所谓的语言在任何人身上都无法完全存在，只有在集团中才能完全存在。
>
> ——《普通语言学教程》（*Course in General Linguistics*）

语言学常被比喻为下象棋。所谓语言指的就是移动自己的子，吃掉对方的子。这里可看出为何说语言具有社会性，当我们以铜板来代替象棋中的"车"也不会造成任何问题。也就是说，即使使用其他话语来取代平常使用的话语，语言也不会改变。不论我使用与否，语言都是与我无关的社会性存在。因此索绪尔在《普通语言学教程》中指出："语言是受语言学操纵的对象，也是所有语言活动的社会规范与制度。"

现在能理解为何使用"呼话机"或"转话机"来代替"电话"也无妨了。将☎念成"电话"只是一种约定俗成,并无任何实质的连带关系。即使将☎念成"呼话机"或"转话机"也只是言语不同,在语言上并未发生任何改变。也就是说,对象和语言(话语、文字)是随时都可以变换使用的任意关系。事实不就是如此吗?虽然在公司会说"电话在哪?",但在家中就算只说"那个在哪?"也还是可以沟通的。只要先约定俗成,即使把☎称作"呼话机"或"转话机"也没有问题。

索绪尔的语言革命

索绪尔的语言学常被喻为哲学界的"哥白尼革命"。什么是革命?索绪尔竟说"我说出的话(语言)不是出自我"的惊人之言。那么我说出的话又是出自谁呢?他说是出自"语言"。索绪尔的革命就在语言的概念中。语言并不是受个人左右的存在,而是社会上约定俗成的一种体系。不管我们出生与否,它都早已存在于世上。为了说话(语言),我们就必须先遵守名为语言的社会规则,并进入那个体系之中。

在法国无法开口的原因为何?因为我们不懂法语的规则,也无法进入法语体系,可说是不懂法语这个语言。名为语言概念的含义深具革命性,因为语言(话语、文字)的意义不是个人的,而是根据语言体系当中的语言所形成。现在终于了解"我说出的话不是出自我"的含义了。个人无法自由使用语言,只能依据已经规范好、名为语言的社会规则来使用及接受其中的意思。

一听到"电话"就想到☎,并非因为个人所定,而是早已处在"电话—☎"这项社会规则的语言当中。我们只能接受已经规范好的规则,使用及接受它的含义。惊人的是,随着这种语言意义被扩大,"对／错"和"喜欢／不喜欢"这种价值判断最后也被归于语言的约束之下。虽然我们一般认为价值判断是极为个人的领域,但它却是根据已经制定好的社会规则——语言所制定的。

我们来比较一下"裁员"和"劳动弹性化"。虽然两者之间存在着微妙差异,但主要都是在表达"把员工赶出工作岗位"的意思。"裁员"听起来让人感觉隐藏着负面的含意,而"劳动弹性化"的负面价值判断就相对较低。为何会有这种感受?因为"裁员"(你被裁员了!)一词早已成为一种具有负面价值判断的社会规则,而"劳动弹性化"(公司将实施劳动弹性化政策)一词则早已成为具有正面价值判断的社会规则。"裁员"听起来不好或令人讨厌,"劳动弹性化"感觉较为正当或比较好。这些都不是来自我们个人的选择,而是在接受了现有语言体系之后所带来的结果。

不可能先经过思考才开口

此处还可见另一项索绪尔的革命,到了他的时代,思考或判断不再经由个人执行,而是变成经由语言意义系统执行。这代表想法(找出意义并做出判断)不再取决于个人,而是依据语言结构而定,表示个人想法受到语言结构强烈支配的革命性见解已被世人接受。总而言之,结论就是想法并未创造语言,而是语言创造了想法。索绪尔推翻了"思想创造话语(语言)"这个观念,他会说:"是话语(语言)创造了想法!"

事实不正是如此吗?学习语言并非只是单纯学习话语和文字,学习一个新的语言就等于接受一个新的世界观。英国人指的并非单纯使用英语这个语言的人,而是拥有相应世界观的人。语言不同,想法自然也会跟着不同。因此若长时间地使用外语,不仅是单纯的思维模式,就连"对／错"和"喜欢／讨厌"的价值判断也会跟着改变。

世界将"先思考再开口"当成美德,但先思考再开口根本就不可能发生。因为正如索绪尔所说,话语(语言)创造了想法。即使各位不是索绪尔,应该也曾有过这种经验——将未经整理的思绪说出口或写出来之后,就变得更加清晰明了,因为不是想法创造出话语,而是话语创造想法,如此显见的人生真相就明摆在眼前,为何人们还是坚持要求"先想过再讲"呢?

"你有没有先想过再开口?"会说出这种话的人,不外乎一些年纪大、有权势的人。他们只是想要堵上我们的嘴,那"倚老卖老"的人总是想要堵住无权无势的年轻人的嘴。晚辈、学生或下属侃侃而谈自己的情感、感受或欲望,就会让前辈、老师、上司感到不适，所以他们才会用"先想过再开口！"叫我们闭嘴。

不先经思考也能开口

"学校又不是军队，何必对前辈唯命是从？""连反学费调涨的抗议都不愿帮忙的教授还谈什么为学生谋幸福，也太伪善了吧？""景气的时候又不加薪，为何一不景气就要减薪？"这些话大多是无心之言。或许我们原本想通过谨言慎行来得到称赞的"小心谨慎"，却不小心成了虐人的"畏首畏尾"。

说不定身为前辈、老师、上司、老板的掌权者都很聪明，不管有意还是无意，他们或许都早已知道"话语（语言）创造想法！"这个事实，所以才会急着堵上我们的嘴，让我们根本不敢起心动念去挑战他们的既得利益，说不定事实就是如此。要是能畅所欲言，说出掌权者们不想听到的话，不知会发生什么事。那些话会成为我们的想法，而这些想法必会将既得利益瓦解得荡然无存。

大多数上班族不认为自己理应被赋予正当权利，因此不论是想下班或想调休，都得看人脸色。为什么会发生这种事？或许是因为没人敢说出这种话吧："为何不能准时下班？""为何不能调休？"正因为不敢开口，才无法拥有这些合理的"想法"。若能时不时说出"为何不能准时下班？""为何不能调休？"，就能真正明白这些想法有多么理所当然，因为话语（言语）会创造想法。

不先经思考也能开口！只要对象不是比自己弱小的族群，我们就可以不加思索地发言。不，必须要如此才行。对那些我们认为不当、不合理和荒谬的事情畅所欲言吧！让我们不加修饰地吐露自己的心声吧！

一定要铭记索绪尔的名言："话语（语言）并非由想法支配，而是它支配了想法。"当那些年纪大、有权势的人说出"你有没有先想过再开口？"来堵你的嘴时，记得面带笑容地看着他说："当然要先开口才会有想法呀。现在我已经讲完了，就换老师、前辈、老板您好好地想一想啰。"

哲学家指南：索绪尔

说到索绪尔，势必得提一下"结构主义"。什么是结构主义？这个理论认为事物真正的意义不在于事物本身的属性和功能，而是由事物之间的关系所定。简单来说，任何对象都会受到结构的支配，这就是结构主义的核心。重要的是，结构主义是站在观察人类的观点上，坚持"人类是被结构束缚、训育出来的存在"。也就是说，若以结构主义的观点来看，人类终究是无法摆脱"结构"的存在。

许多哲学家都发现了"结构"：卡尔·马克思发现了经济结构，克劳德·列维-施特劳斯（Claude Lévi-Strauss）发现了亲属结构，雅各布·拉康（Jacques Lacan）则发现了精神分析结构。哲学家们在不同的领域里发现了刻画于人类内心之中，同时也无法摆脱的结构。结构主义因此成为一种哲学潮流。在那之后，只要是发现或认同这种"结构"的哲学家，都被称为"结构主义者"。结构主义认为主张"人类自由"的"存在主义"只是纯粹的思想，因而在当代引起巨大的反响。

索绪尔不曾从他的口中说出"结构"这个词，但有趣的是他仍被称为是"结构主义"的首创者。为何会如此呢？只要看看他的语言学立场，就能明白个中道理。他认为任何事物的意义、判断或思考，都并非依靠于某人，而是早已藏于既有的语言结构当中。意思是，某个对象的意义、思考、判断都是通过名为语言的结构所定。

索绪尔比任何人都早发现刻画于人类内心之中、任何人都无法摆脱的结构——"语言"。他提出"人类是依据某种结构而定"的思考框架，这个框架带给后代哲学家极大影响。因为索绪尔是第一个提出这种结构主义思考框架的人，因此就算他从未曾使用过"结构"的字眼，还是被认定是结构主义的首创者。

弗洛伊德和索绪尔具有巧妙的共通点。就像原本是医生的弗洛伊德，因为发现"潜意识"，在不知不觉中跻身于哲学家行列一样。身为语言学者的索绪尔也是在发现了名为"语言"的结构之后，莫名地成为一位哲学家，这原本只是他在自己的领域中竭尽全力的成果。弗洛伊德和索绪尔会知道自己在哲学史上带来多大的影响吗？人生还真是难懂，正因为如此才不枉我们走这一遭。

哲学与人生

什么是哲学生活？那是导致必须放弃某些东西的特别人生。

——米歇尔·福柯（Michel Foucault）
《主体解释学》（L'herméneutique du sujet）

哲学生活很棒，因为它给我们带来了特别的人生。但往往会有人对此产生误解。有很多人相信哲学生活的好，是在于它的"增加"。他们相信透过哲学就能增加丰富又高密度的知识，哲学生活因此才很棒，但哲学的作为却恰巧完全相反。

哲学生活其实并不在于"增加"而是"减少"。哲学告诉我们为什么该从自己的生活中减少东西。不得不先放弃某些东西，才会变得更加特别的生活形态，我们称之为哲学生活。哲学生活之所以会那么特别、那么棒，是因为哲学给我们的生活带来了某些"舍弃"。

 **11　为何无法操控心绪**

——弗洛伊德的"超我"

明知不合理为何还要做

"你在干吗？"

"整理行李。"

"已经那么累了，明天再整理吧。"

"我也想啊，可是不先把这些整理好，我就睡不着。"

民洙和秀妍结束漫长的旅程，深夜才抵返家中。民洙早已累到躺在床上休息，秀妍却开始整理起行李中的物品。虽然民洙提议明天再一起整理，但秀妍却无法接受，若不先整理，她就会一直放在心上，在意得睡不着。只有她才这样吗？有些人即使在连日加班到凌晨之后，身体已经重如千斤，但没先洗澡就睡不着。也有些人因为身体疲惫得想要休息，但叫他休息又会感到不安，最后只好起身继续工作。

仔细一想，这些行为还真是不合理。都已经深夜了，应该先上床睡觉，隔天再起床整理行李较为合理；身体已经重如千斤，应该等到隔天再洗澡较为合理；身体都已经疲惫不堪，应该要放心好好休息一天较为合理。但有些人往往就是做不到。我们将这种人大致分为两类，第一种是用"我自愿在深夜整理行李""就算再累，还是先洗澡再睡觉会比较好""就算身体不舒服，还是得做些工作比较好"的这些说法将不合理的地方合理化。这些举止在任何人眼中看起来都很不合理，但本人却喜欢这么做，并将它合理化。

无法随心所欲时

第二种就像秀妍一样，讲出"我哪有办法控制"的话来。明明知道自己的行为不合理，也知道身体很累，却又停不下来。他们会说出"我也想要好好地先睡一觉，明天再起来整理""我也很讨厌明明身体已经重如千斤，却还得洗半小时澡的自己""就算一天也好，真想要好好休息"这种话。这比第一种人还令人同情。将自己不合理的行为合理化的人，至少在心里会比较舒坦些，因为他们从未想过要把非合理的行为改正过来。但第二种人则是不想继续做不合理的行动，却又无法控制自己的心绪，才会如此痛苦。

让我们感到痛苦的，不是事与愿违，而是无法操控自己的心绪。重要的考试失败，虽然让人有点受伤和痛苦，但那种痛苦并不至于会侵害我们的精神，因为我们早已知道凡事不可能尽如人意。让我们在精神上如此痛苦的，是明明知道在不久后有一个重要的考试，必须得认真苦读，却一点都不想读书。

有多少人为"虽然心是我的，但我却无法操控它"这惊人的悖论而饱受煎熬？"改变自己的心意要比改变世界万物还要困难。"这可不是玩笑话。说不定将自己不合理之处合理化的那群人，才是最合理的人呢。因为他们早已看破"我无法操控自己的心绪"的事实，所以从一开始就放弃改变自己。这种选择虽然合理，但绝非智慧的做法。即使在精神上取得胜利，肉体却依旧深陷于困顿的人生当中。我们该如何解决因无法操控自己的想法而衍生出的问题呢？

分析内心的哲学家——弗洛伊德

关于这个问题，我们可以透过西格蒙德·弗洛伊德（Sigmund Freud）这位哲学家得到一点线索。严格来说，弗洛伊德其实不算哲学家，而是一位心理医生。虽然与他的职业本质无关，但他留下的思想成就在哲学史上造成极大影响，因此有许多人认可弗洛伊德是一位哲学家。那么，他会如何回答"为什么我无法操控自己的心绪"呢？

首先，先来了解弗洛伊德是如何掌控心绪的。他认为人类的心绪是由"本我—自我—超我"组成。来探讨一下这三个概念。"本我"是所谓的本能，就是象征着那股源自人体内部的本能力量。肚子饿就想吃东西、困了就想睡的本能就可称为"本我"。

相信各位都很清楚，身为社会一员的人类不可能只依靠本我过活。不能因为肚子饿就抢邻座的面包吃，也不能因为困了就在路边倒头呼呼大睡。本我只会彻底追求身体上的愉悦，但人类可无法这么做，还得考虑现实状况才行。此时，"自我"就出现了，它负责安抚本我，并以实际的方法来追求快乐。当本我说出："肚子好饿！我要抢旁边的面包吃！"自我就会告诉它："再忍耐一下，到家就能吃到好吃的东西了。"

人类在成长同时，学会了将欲望折中并和现实妥协，"自我"就在这样的过程中扎根。常有人将自我理解为压抑本我的机制，但弗洛伊德表示这是误解。自我并不是用来压抑本我的机制，反而会以更合理的手段来满足本我的需求，因为自我终究会满足本我。从这点看来，"自我"可说是"本我的变形"。

弗洛伊德的"超我"

这么说来，最后一块碎片——"超我"又是什么？先听弗洛伊德是怎么说的：

> 成长的孩子作为人类的存在，是在依赖父母生活的漫长幼儿期中累积下来的沉淀物。在他们的自我当中形成了一个特别机关，会持续受到父母影响，这个机关就被称为"超我"。超我在与自我区分或与自我对立的情况下，会成为自我不得不斟酌的第三力量。自我的行为必须同时满足它和本我、超

我及实际的要求,也就是必须让这些要求能够彼此协调才行。

——《精神分析纲要》（*An Outline of Psychoanalysis*）

"超我"指的就是社会秩序、规范、律法等规则。基本上,超我扮演着审视自我的检察官或法官等角色。想想看,当本我高喊着"肚子好饿!我要抢旁边的面包吃!",自我会以"再忍耐一下"来安抚它,但超我却会以"不准吃!"来禁止它。受到社会秩序、规范、律法而内化的禁止声就是超我。我们可以说它是在心中响起的"父母声音"。因为我们大多是从父母身上学到社会秩序、规则、律法等观念。对此,弗洛伊德说:

> 关于自我和超我之间的细节,通常可借由追溯孩子与父母的关系来理解。父母影响的不仅是父母个人的存在,由父母传承下来的家庭、人种及民族传统,与父母所代表的各种社会环境的要求上都会发生影响作用。

——《精神分析纲要》

我们再重新整理一次"本我—自我—超我"之间的关系。当"本我"顺着身体的快感行动时,"超我"就会以内化的秩序和规范来禁止"本我"的欲望,因此"本我"和"超我"一直都是相互对立的存在。替这两者进行排解、协调、取得平衡的就是"自我"。当本我说:"我好累,我要倒在路边睡!"

超我会说："不行！你这么做还像个人吗？"这时自我会跳出来替两者进行排解，并找出折中方案："只要再忍一下，就能回到家里好好睡觉了。"

重要的是，自发性的良心之声或道德认知也能被称为"超我"。那些出于自动的、未曾怀疑过的良心、道德意志或行动，极有可能是受到社会禁止或审查所形成的超我体现。例如，不随意在街道上吐痰或丢垃圾，看似出于自发性的意志或行为，但其实很可能是在父母或老师告诫之下所形成的超我审查。

无法操控心绪的缘由

现在能了解为何我们无法操控自己的心绪了。为何明明很累，还是硬要整理家里和洗澡呢？为何想要让疲惫的身体休息一下，却又无法放下心来呢？我们会如此无法操控自己心绪的理由，可以从"超我"的概念中找出答案。因为这些都已经内化了，因此我们才会意识不到，但这一切都是因为心底悄悄响起父母、老师和社会谆谆教诲的声音。

有时我们会因为太累而不想整理东西，不想洗澡就直接睡觉，身体过劳想要休息一天，但却无法控制自己的心绪。现在总算知道原因了，因为我们听见超我的声音，听见它在说："家里乱成这样，你还睡得着吗？""没洗澡绝对不能上床！""只有游手好闲的人才会大白天就躺在床上休息！"所以才会无法控制自己的心绪。这种感觉就像是不管到了哪里，父母和老师总是像一抹阴魂不散的幽魂般，紧紧地跟随我们。

更可怕的是，那个幽魂还住在我们心中，因此超我的声音听起来就像是自己发出的声音。现在多少能体会那些强迫自己整理家里、每天洗澡一小时，还说出"这都是我心甘情愿"的人的心情了。因为超我的声音早已内化，所以听起来就像是自己的心声。超我声音越强的人，就会更加束缚本我和自我，让自己活得很累，过着无法依照自己心意度日的疲惫人生。

让自己随心所欲的方法

那该怎么办？只要让自我顺利运转就行了。在本我、超我、自我三者当中，最合理的就是自我。本我是"本能"，不会考虑现实层面；超我则是"社会"（禁止的声音），所以会束缚我们的躯体；自我则是负责取得其中的平衡，所以它很合理。若自我能够顺利运转，就有办法让自己一天不整理家务或不洗澡，以及让疲惫的身躯好好休息一天。

我要继续问下去：该如何让自我顺利运转呢？这得取决于"超我"。"自我"是"本我、超我"冲突的平衡点。也就是说，自我是应变量，本我与超我是自变量，因此在身体没有消失之前，本我绝对不会消失，因为它源自体内。我们必须要从超我下手。当超我的声音变小，自我就能顺利运转。我们必须要了解到，那些来自父母、老师和社会的好似阴魂不散的声音，只是已经内化的教诲，并非自己的心声。

超我是老旧的遗物，是会让人生如此疲惫的遗物。若能把它从心中去除，自我就能够改变。说得具体一点，当我们因为没打扫家里而感到不安，当因为没有洗澡而辗转难眠，当因为平日休息而感到罪恶时，就对自己说："是超我这个阴魂正在操控我的心绪！"放下一切吧。这样就能察觉出那股不安、失眠、罪恶的情绪并非出于自己，而是出于父母、老师和社会遗留下来的禁止声。若能够踏出这一步，你就能慢慢发现那个可以让自己随心所欲的自我。

　　　　向里向外逢着便杀。逢佛杀佛。逢祖杀祖。逢罗汉杀罗汉。逢父母杀父母。逢亲眷杀亲眷。始得解脱。

　　　　　　　　　　　——《临济语录》（全名为《镇州临济慧照禅师语录》）

　　现在终于能够理解临济禅师（唐代禅宗高僧）的狮子吼。身为禅师，理应要比任何人都来得慈悲才是，怎么会说出"向里向外逢着便杀"的话，甚至还要"逢佛杀佛"？因为临济禅师认为父母与佛祖都是超我的原始形态，如同我们的超我是来自父母，禅师的超我就是来自佛祖。他想传递给我们的，或许就是这个信息吧："若能克服那个支配并操控我们内心的超我，我们就能过着开心愉快的生活。"

哲学家指南：弗洛伊德

想再更进一步了解弗洛伊德，就要先了解"潜意识"这个概念。弗洛伊德将人类精神无法认知到的领域称为"潜意识"，任何人都有潜意识。弗洛伊德曾说过，构成精神最本质的要素不是"意识"，而是"潜意识"。人类的精神并非受到清楚透明的"意识"所影响，而是深受不清楚又不透明的"潜意识"影响。

我们再来深入探讨潜意识。弗洛伊德在初期把人类的精神分为"意识—潜意识"两个层次。也许是被漂浮在海上的冰山形象给影响，许多人倾向认为"潜意识"居于"意识"的下方，然而对于潜意识来说，这是最具代表性的误会。潜意识与意识同时存在，并会进行相互作用，对彼此造成影响。我们所做的某种行动，其实是意识和潜意识同时运作的产物。去超市买面包、去书店买书等这些日常生活中的行为举止，都是意识与潜意识同时作用的结果。

然而，"意识—潜意识"这个公式，弗洛伊德在后期进行了修正。梦是潜意识的展现，而他发现梦一共分为两种，分别是"显梦"和"隐梦"。显梦是我们常做的梦，将显梦扭曲之后呈现出来的就是隐梦。我做了一个在空中飞翔的梦，这个梦的本身是一个显梦。但根据弗洛伊德的说法，"在空中飞翔"隐藏的含意是想要解放压抑已久的性冲动，意思是隐梦是显梦经过变形后呈现出来的梦境。

对于潜意识还有另一项新发现。虽然都是潜意识，但还是分为展现冲动的潜意识（显梦）和压抑住那股冲动的潜意识（隐梦）。然而弗洛伊德发现潜意识其实具有两个层次，"被压抑的欲望"和"压抑的机制"同时存在于潜意识当中。这么说来，被压抑的欲望是潜意识，压抑着那个潜意识的不也是潜意识吗？在此之后，弗洛伊德便将"意识—潜意识"这个理论公式，改为"本我—自我—超我"的形式。

换句话说，在潜意识之中，同时具有"被压抑的欲望"和"压抑的机制"。"被压抑的欲望"指的就是本我，"压抑的机制"则是超我，而"意识"则被定义为自我的概念。现在我们又能了解到，为何超我会如此难以克服。因为它就位于我们的潜意识领域中。最可怕的敌人并非强敌，而是看不见的敌人。我们对于自己的欲望正在受到压抑的事实浑然不知，才会难以摆脱它。

弗罗伊德的精神分析学在哲学史上深具重大意义。他发现潜意识，并将洞察它的精神分析学系统化，在无意间对西方哲学史产生了极大的影响。从笛卡儿开始的近代哲学，是以"人类是清楚又透明的理性存在"为基础，但弗洛伊德借由发现并揭露潜意识的存在，证明人类的精神既不清楚又不透明。也就是说，弗洛伊德动摇了近代哲学的基础。从某个层面来看，甚至可说他让现代哲学解体了。正是因为造成如此大的影响，身为精神医师的弗洛伊德才得以跻身哲学家的行列中。

 **12 时间为何总是不够用**

——柏格森的"绵延"

你没时间吗

"周末碰个面吧？我们好久没碰面了。"

"我也很想……但最近真的没时间。"

"没时间"俨然已成为一种口头禅。每个人都非常忙碌，所以总是没有多余的时间，面对朋友的邀约，总是回答："最近要忙着读书，没有时间。"面对亲友的建议，"这个时代的上班族也要再去进修"，还是这样回答："我得忙着工作，没有时间。"对现代人来说，时间不够用已成为根深蒂固的毛病，然而一向把勤奋视为最高价值的人们，绝对不会对此痼疾坐视不理。他们会以"只要节省时间，什么都做得到！"来督促我们。

对于忙着读书而没时间的我们，他们会说："只要节省时间，就算要读书，还是可以抽空和朋友见面。"面对忙着工作而没时间的我们，他们会说："只要节省时间，就可以一边工作一边进修了。"每次听到这般督促,总是会令人感到烦闷,心生疑虑:"只要节省时间,真的就什么事情都能做到吗?"暂且放下这个疑虑吧!现在还有其他的议题比这更重要。

节省时间,生活就会变得更好吗?

"为何那么多人都说要节省时间?"这个问题比较重要。他们说要节省时间的理由非常明显,因为"时间"与"更好的生活"息息相关。换句话说,因为这些人相信"只要节省时间,生活就会变得更好",深信于此的人高呼着:"要节省时间!"实际看来确实如此,与其每天为了工作埋头苦干,不如为了未来,拨出一点时间进修,进行自我开发,这样的生活不是更好吗?

所谓"更好的生活"并不仅止于发展、成就、成长这些问题,与其每天坐在书桌前死读书,偶尔和朋友碰面、喝茶、聊聊天的生活不是更好吗?就算没有显著的发展、成就或成长,但只要能过着更加人性化的生活,就已经可称为"更好的生活"了。世人们相信,为了达到这个目标,就必须要更加节省时间才行。

然而讽刺的是,节省时间明明是为了拥有"更好的生活",但反而将我们推向"更差的生活"。有多少上班族为了节省时间,竭尽全力地想要同时兼顾工作、进修还有家庭,对勤奋的他们来说,真的能够迎来"更好的生活"吗?别说是"更好的生活"了,将工作、进修和家庭全都搞得一塌糊涂或许才是常态。因此在节省时间之前,必须再问自己一次:"节省时间,生活就会变得更好吗?"

"时间"的哲学家——柏格森

哲学家亨利·柏格森（Henri Bergson）将回答这个问题。他是一位比任何人都深究"时间"的哲学家，所以面对"时间—人生"的问题，应该没有人能给出比他更好的答案。他或许会如此回答："这种事情才不会发生，真正的时间是来自"绵延"。为了了解这看似艰深的答案，我们先来探讨柏格森的"时间"概念。一般所知的"时间"与他的"时间"完全不同，让我们一边注意这一事实，一边探讨这个议题吧。

"数着五十只羊的情境，是发生在空间之中，还是在时间之中？"这是柏格森在《时间与自由意志》（*Time and Free Will*）中提出的问题。了解这个问题，就能掌握住他难懂的"时间"概念。总之，我们先来数羊吧！"一只羊，两只羊，三只羊……"当我们在数羊的时候，脑海中（意识）会发生什么事呢？因为是连续地数着一、二、三，所以感觉这像是发生在"时间"之中的事情。

但在脑海中，其实出现了截然不同的情况。柏格森说："所有关于数的明确观念，都包含在空间里观看。"我们回想一下刚才数羊时的情形，是先在脑海中想象出某个"空间"之后，再将大量的羊只并排在那个"空间"里进行计算。因此，柏格森主张算数并不属于"时间"，而是"空间"的议题，他认为每个抽象的数字都附带空间的直观。

什么支配着我们的时间观念？

根据柏格森所言，传统上人类意识中的事物是与"空间"而非"时间"相连的。一般来说，我们会相信人类的意识是时间性的。在成为大人之后，重新走访小时候住过的地方，会脱口而出："哇，真是岁月如梭！"意识到了"时间"。然而，这只是某种错觉，因为岁月的流逝，即"时间的意识"，是由"变得不同的空间"所产生的东西：小时候不存在、现在却到处林立的高楼大厦，以及消失的游乐场等。

在日常生活中不也如此？虽然我们认为"时间"流逝，但其实那是靠着指针在"空间"中行走而掌握的东西。与其将这些（对我们来说依然非常熟悉的）传统时间观念说成是"意识到时间本身"，不如说是透过空间所认知到的时间，也就是"空间化时间"较为贴切。柏格森完全翻转了传统的时间概念，他指出真正的时间不可能会是空间化时间：

> 时间被理解为用来区分和计算的场所，它只能被推定隶属于空间之中。我们要先在这样的见解中确认的是——当意识在描写对时间甚至是契机所抱持的情感时，所使用的形象必须借用自空间。因此纯粹绵延必须是别种东西才行。
>
> ——《时间与自由意志》

简单来说，柏格森的"时间—空间"这个难以理解的思维就是：

时间和空间是截然不同的东西。人类误将时间和空间的概念囊括在一起,以至于无法掌握纯粹的时间概念。而他也将真正(纯粹)的时间(并非被囊括或空间化的时间)称为"绵延"。柏格森把时间概念分为两种形态:传统却被扭曲的时间概念——"空间化时间";创新却是真正的时间概念——"绵延"。

理论上,"绵延"的概念非常明确,将空间完全去除后的纯粹时间就是绵延。然而这却产生了一个问题。虽然概念非常明确,但想要在日常生活中掌握绵延就很困难了。换个方式说,若不先假定有个空间,人们便会难以理解要如何直接在纯粹时间(绵延)中算数。就如同没有时钟的空间,无法掌握时间一样,所谓的"绵延",具体来说究竟是什么呢?

柏格森的绵延

> 假设我想要调制一杯糖水,不管我再怎么着急也没用,我必须等待砂糖溶解才行。这一件小事情带给我们的,可是非常大的意义。因为我现在必须等待的这些时间,并不适用于物质界整个历史的数学化时间。这些时间与我那不能随意增加或减少的焦虑,以及我固有的绵延一致。这不是观念,而是一种体验。
>
> ——《创造进化论》(*Evolution créatrice*)

柏格森将时间分为"空间化时间"与"绵延"两种。"空间化时间"可说是适用于整个物质界历史的"数学化时间"。反之,

"绵延"可说是在调制糖水时，必须等待砂糖融化的"体验化时间"。也就是说，绵延就像是可以体验到"我的焦虑"的时间。"数学化时间"就是我和他人在时间上具备了一致的同构型，是作为单位计算的时间，所以同属于量的领域。糖溶于水的"数学化时间"的"量"，无论在哪都具有同构型。

然而，"体验化时间"（绵延）却有所不同。这个时间具备了多质性，隶属于"质"的领域。这并不难懂，就是指我和他人的时间，以质来说并不相同。比较看看上班和约会的时间吧。假设我们都花同样的八小时，分别在公司上班和与亲爱的情人约会，两者花费的"数学化时间"明明相同，但"体验化时间"却大大不同。

你会感到"上班时间"特别漫长，而你会觉得"恋爱时间"时光似箭。"从首尔到纽约的最快方法就是和情人一起去。"这句话可不光是一句浪漫的玩笑话，还体现了非常客观又彻底的哲学性思维。柏格森的"绵延"概念就是在说这个：

> 当我们的自我让自己活下去的时候，当自我不肯把现有状态跟以往状态隔开的时候，我们意识状态的陆续出现就具有纯绵延的形式。

——《时间与自由意志》

"绵延"可以让一对情人连相处时间怎么流逝的都不知道，

是放任自我本身那样过活时所产生的意识状态，因此它具备的并非同构性，而是多质性。在先前与当下的状态尚未分离时，每个人都各自不同。柏格森指出这种"个别体验到的时间"就是绵延，也是"真正的时间"。

节省时间的人无法恋爱？

让我们回到最初的问题："节省时间，生活就会变得更好吗？"柏格森应该会先解决这个问题的前提。对他来说，时间就像是流水或音乐般的"绵延"，不管是流水或音乐，都只会流逝，既无法抓住也无法节省，因此节省时间只有在"空间化时间"内才可能发生，在名为"绵延"的真正时间内根本就不可能实现。

我终于理解强迫自己节省时间的人为何无法好好谈场恋爱了。"恋爱时间"就像"我的焦虑"一样，都是颇具代表性的"绵延"经验。而"绵延"让我们就这么生活下去，所以感觉时间就像是飞箭般地稍纵即逝。当我们在"绵延"这个连续时间中与情人对看、牵手和接吻时，根本无法意识到空间的存在，因此"体验化时间"是转眼即逝的。

然而，强迫节省时间的人，怎么有办法接受这种连续时间呢？他们总是忙于穿梭不同的空间，执着于空间化时间，或许连一次真正的时间都不曾体验过。那些空间化、数学化的时间只是被扭曲或虚构的时间，只有绵延才称得上是真正的时间，因此在"绵延"

的时间当中，想要"节省时间"根本就不可能发生。

要如何过更好的生活？

深信"节省时间，生活就会变得更好"的我们现在该怎么做？若打从一开始就无法节省时间，要如何才能过上更好的生活呢？首先，来看一下"更好的生活"的定义。哪种生活才是"更好的生活"呢？就是过去和现在的生活相比，在质的方面出现变化，而不是量的变化。就像是累积的作业一般，只要和一百个人见面聊一聊，就能产生量的变化。但若非是极为例外的情况，想要依靠量的变化来达到"更好的生活"几乎是毫不可能。

"更好的生活"只有依靠质的变化才办得到，就算只和一个人见面，但若能在内心深处产生质的变化，必定能比昨天过得更好，而原因就在真正的时间——"绵延"，是它让质产生变化。根据柏格森所言，透过"绵延"会造成质的差异，而这样的变化会改变本性，可见它带来的并非量的变化，而是质的变化。

"绵延"创造"更好的生活"

再更具体一点探讨"读书"这个行为吧。有些人读书的方式是以量取胜，这种类型的人大多是想要节省"空间化时间"，他们只掌握书本的核心内容，不重要的部分就跳过，只阅读已经摘取和整理好的重要大纲。他们对自己的阅读量非常自豪，虽然不知这种以量取胜的读书方法是否能成就"懂得更多的生活"，但肯定很难达到"更好的生活"。

我认识一位朋友，他非常执于追求量的变化，他忙着穿梭在公司和补习班这两个空间，所以出现了量的改变。他的英文分数提高了，年薪因此增加，但这种量的变化，却未替他带来"更好的生活"。曾经执着于量的变化的他，对我吐露心声：紧接在这么多成就后面的不是"更好的生活"，而是空虚。

"更好的生活"必须透过"绵延"才得以实现。偶然拾起，却让人一发不可收拾，一看就看到天亮的书；让人捧腹大笑又泪流不止的书；内心被书中某个句子打动而品味了它一整天，这种成为"绵延"的读书才有办法带来质的变化，才能带我们走向"更好的生活"。让我们迈向更好生活的不是厚重的一百本论文，而是那本唤醒我们对人与爱情的薄薄诗集，准确来说，是诗集中的某个诗句。

带我们走向更好生活的，并不是和索然无味的一百个人相遇，而是与那个让我们带着焦急与悸动而"绵延"下去的人相会。因为有热情才能继续"绵延"，因为得以"绵延"才会产生热情，这样的相遇让我们拥有"更好的生活"的可能性变大。而这诚如柏格森所言，必须只能贯穿绵延本身，正因为如此，才得以产生质的变化。"更好的生活"是经过"绵延"产生质的变化后的生活。

这对局限于"空间化时间"的人来说，从一开始的距离就非常遥远。他们只会一味地强迫自己必须节省时间，而拒绝接受孕育出质的变化的"绵延"。这也就是为何要在"绵延"的真正时间中生活，几乎可说"绵延的生活"才是通往"更好的生活"的唯一钥匙。现在终于能理解柏格森不断叮咛的那句话："要贯穿绵延本身！"

哲学家指南：柏格森

既然提到柏格森，就绝对不能不提"直观"这个概念。"直观"指的是"不经过感觉、经验、联想、判断、推理等思维作用，而是直接掌握对象的作用"。柏格森用"理性"与"本能"两个词来说明"直观"的概念。"理性"是将某一事物与其他事物分开看待的能力，将事物分类，并以数学、逻辑和科学做分析思考，这种能力就称为理性。而"本能"就如各位所知，是人类或动物天生就具备的行动能力。

柏格森指出直观与理性无关，而是与本性息息相关。他是这么解释的："直观是在不抱任何私心地怀疑自己并反省对象的同时，无限扩张的本能。"简单来说，达到顶尖状态的本能就是直观。柏格森指出，知识分为相对知识和绝对知识。相对知识是"某个对象依据特定观点所掌握的知识"，绝对知识则是"某个对象本身完全掌握的知识"。根据柏格森所言，"理性"只能掌握相对知识，若想掌握绝对知识，必须依靠"直观"才能办到。

这么说来，我们该如何发挥"直观"？理性之所以能分类、分析，是因为它与空间相关，它将空间分开，并将时间固定，因此无法看到进化或演变过程中的情况。所以柏格森才会说"理性无法完全了解自然中的生命"。反之，直观则是与时间相关，准确来说，它与"绵延"相关。所谓直观就是透过不断流逝的时间概念来掌握世界。当我们能脱离"空间化的时间"，透过真正的时间——"绵延"来掌握世界时，直观就会自动发挥。

当我们对"直观"开窍时，世界看起来会是如何呢？以理智来看人类，会认为人类就是理所当然的存在，因为经过分类和分析后，发现人类不是非生物，不是植物也不是动物。然而若是经由"绵延"（连续）的时间对"直观"开窍后，将会以截然不同的观点看待人类。在遥远的过去曾有生命体存在，其中分化为两类：负责连续将能量储存在储藏室里的植物，与连续进行快速运动的动物。被分化为动物的生命体，因为这样的连续而产生了眼睛与下肢等器官。

在动物之中，最后终于连续着出现"像人类的"双眼、四肢和理性的动物——"人类"。然而这一切还没有结束，人类还会再演变成某种生物。"像人类的"眼睛和四肢，甚至是理性，都不是绝对或固定不变的。假若可以回溯时间，重新再进行一次人类的演进，那么演变成现在这种"像人类"的概率可说趋近于零。若以"直观"来看人类，就不会觉得人类是理所当然的存在,而是令人叹为观止的惊奇存在。不,除了人类之外的世间万物亦是如此。

> 哲学要把那些将对象推得越来越远,正在消失的直观全数找回。先撑住它们之后,再将它们扩大,并使其相互一致。越是推行这样的行为,哲学就越是直观的精神本体,从某方面来说,也更容易让人领悟到它就是生命本身。
>
> ——《创造进化论》

诚如柏格森所言,哲学找回了我们缺乏或正在消失的"直观",并将它发扬光大。若能将扭曲的时间概念导正,体悟到直观即为精神本体,甚至是生命本身的事实,或许就会拥有能够看见真实世界的直观。我能理解为何柏格森的哲学被称为"反理性主义"。因为让直观逐渐消失的,正是近代所提倡的理性至上主义,若继续一味地追求长久以来信奉的理性,必定会离柏格森所说的绵延和直观越来越远。

 ## 13 男人和女人为何如此不同

——拉康的"神经症"

男人来自火星,女人来自金星

《男人来自火星,女人来自金星》(*Men Are From Mars, Women Are From Venus*)曾是轰动一时的畅销书。书名虽然取得有点无厘头,却又让人感到莫名贴切。为什么呢?因为男人和女人除了一起生存在地球这颗行星的这个共同点之外,可说是天差地远的两种生物。不过也理所当然,生为男儿之身,一路被视为男生扶养长大,和生为女儿之身,一路被视为女生养大的人,当然会有所不同。男人不懂女人的想法,女人也不懂男人。纵使如此,世上还是有一堆自认为很懂异性,说出"男人/女人全都一样"的人。

这些人真的很了解异性吗?多数的情况都是恰好相反。讽刺的是,正因为他们无法打从内心去了解对方,才会口出这种妄言。我们大多会将自己对异性那窄小又受限的经验一般化,并急着去判断对方。然而,像这种半吊子的认知可会坏事。不过多数人对异性的了解,也的确只能称得上是半吊子,或许可说是不幸中的大幸吧。

从表面上来看,"来自火星的男人"和"来自金星的女人"似乎相处得还挺融洽,因为他们都不太了解彼此,与不甚了解的对象建立肤浅的关系,可说是我们历来的习惯。若彼此的关系肤浅,即使不需了解对方,也能相处得很好,冲突与纠纷往往发生在深厚的关系当中。就像是我们能和隔壁部门的同事相处得很好,却总是和自己的妈妈吵个不停。或许我们可以因为"必须在生活中偶尔与某些人保持肤浅关系"一事而感到庆幸。然而,男女之间的问题可没这么简单。

男性或女性是哪种存在

不论在哪个时代或在哪个空间,男人和女人努力想要理解对方的想法总是不曾停止。为什么?因为他们不了解彼此;因为明明只要维持浅识关系即可,却在两人之中出现了致命的情感——爱情。爱情为何是致命的情感呢?因为爱上了之后,就无法再与对方继续保持表面的关系。爱情总是伴随着想与对方建立深厚关系的念头,会想知道对方人在哪里,正在做些什么,甚至是他脑中的想法。

当感受到深爱的对方与自己是不同存在的时候,只能死命挣扎,因为我们想要了解他是何种存在。我现在似乎可以理解为何情侣和夫妻之间常会吵吵闹闹,因为他们太过想要了解彼此,却又无法轻易拉近彼此间的距离。在任何一对情人之间都存在着这种距离,所以情侣和夫妻间的争吵只是平常事。若你想谈一段成熟的感情,想了解世上大半的异性,那么"男人和女人为何如此不同？"的问题对你来说就非常重要。

精神分析哲学家——拉康

回答这个问题的哲学家是雅各·拉康（Jacques Lacan），他既是哲学家，也是精神分析学者。精神分析学基本上是以"潜意识"这个主题作为分析对象。照字面上的意思来说，潜意识虽然是我们无法意识和认知到的东西，但它却支配着我们。对拉康而言，潜意识为何？简单来说，就是他者的欲望。这点可从他说"人类欲望着他者的欲望"这句名言或想法中得知。当我们欲望着（想要）某样事物时，虽然会认为那是自己的意识，但其实只是在我们潜意识当中他者欲望的体现而已。

举例来说，某个女人想买她在百货公司里看到的名牌包包。某人问她："你为何想买那个包包？"她回答："因为它是我的style。"这只是她认为是"自己的意识欲望着那个东西"。拉康会对她说："不，你会想要买那个包包，其实只是因为世人们（他者）想要那个东西（欲望）的事实刻在你潜意识中。"所以话说回来，想要买一个名牌包包，并非因为那是自己的style，而是源自它会是他者喜欢的style。

这像是拉康在对我们说："我想要的，其实并不是自己想要的东西，而是他者想要的。"但要欣然接受这种想法并不容易。因为这种思维模式并不是出自于意识层面，而是来自潜意识。现在我们能明白拉康的欲望指的为何不是生物学上的满足，而是想要成为受到他人认可、成为被喜爱的对象。与其把这种欲望说成是下意识的，倒不如说是潜意识的较为贴切。

我们相信自己是出于自愿才认真读书，但或许只是为了想要受到父母的喜爱；我们相信是出于自己的喜好才穿高跟鞋，但或许只是想得到某个男人的欢心；更甚者，我们会认为是发自内心想努力赚钱，但或许只是想得到世人的肯定才那么做。虽然我们相信自己是下意识地渴望某些东西，但其实只是一种想要受到某人喜爱的表现，依拉康所言，因为想要受到他者的喜爱，他者的欲望便会刻印在我们的潜意识中。因为只有顺从那个人的欲望，我们才能受到他的喜爱。

需求、要求，以及欲望

现在让我感到好奇，他者的欲望是如何刻印在我们的潜意识里的？拉康在此提出了"需求"（need）、"要求"（demand）和"欲望"（desire）。首先，"需求"指的就像是食欲、性欲这些一次性的冲动，是一种会寻求满足，并且寻找可以满足它的对象的冲动。"要求"是什么呢？是一种表达手段，人类会向他人寻求，"要求"对方满足自己的"需求"。例如，"肚子饿"是"需求"，但"煮饭给我吃"就属于"要求"。

话说回来，"欲望"又是什么？先来思索一下"需求"和"要求"两者的差异。是"需求"比较大，还是"要求"比较大呢？一定是前者比较大。无论在什么情况之下，我们都无法"要求"

满足所有"需求"。无论何时,我们只能在社会、文化可接受的范围内"要求"我们的"需求"。就像是即使有"想要做爱"的需求,也不能不挑场地和对象,就随意"要求"对方满足这个"需求"。"需求"必须依靠"要求"来表现和满足,但这样的满足总是不够。"需求—要求"之间终究还是有一条无法填满的缝隙,就是"欲望"。

"欲望"是因"需求—要求"之间的差距而产生。当出现"想要吃蛋糕"的"需求"时,但因为正在减肥(现实条件),所以说出"让我吃饭"的"要求"。幸好因此填饱了肚子,但"需求"根本没有得到满足,所以开始想象吃蛋糕的样子,我们可以将这个想象称为"欲望"。但问题在于欲望可是会毫无止境地蔓延扩张,没有得到满足的欲望会从"草莓蛋糕"变成"巧克力蛋糕",最后甚至还会延续扩张成"好想开蛋糕店"。我们可以将如此无限扩张的欲望动向称为"欲望转喻链"。

"欲望转喻链"留下的痕迹——神经症

在这个层面来说,可以将欲望称为"缺乏"。人类的所有"需求"在社会、文化上不被接受,只能以转化过的方式来"要求"。在这个过程中,必然会发生缺乏的情况。

几乎所有人类都无法摆脱这种"缺乏"。拉康指出,正是因为禁止了这些原型需求所产生的缺乏,让人类饱受"神经症"之苦。说不定正在阅读本书的大多数人都是"神经症患者"。请先别误会,我没有说正在阅读本书的人都是精神异常。拉康甚至认为正常人并不存在。依他所言，所有人类必属于"精神病""变态""神经症"三种临床结构之一。在这之中，比较趋近于"正常"的临床结构就是"神经症"。

精神病与变态是极少数的存在，他们可说是精神状态真正异常的一群人。若非特例，大多数人都属于神经症患者。透过这种神经症的症状，就可以回答一开始的问题：

"男人和女人为何如此不同？"根据拉康所言，神经症又细分为"强迫症""歇斯底里"和"恐惧症"三种。此处的"强迫症"与"歇斯底里"对这问题来说非常重要。我们再进一步透过这两种神经症的症状了解男人和女人为何如此不同。

男人的另一个名字：强迫症

大多数男人都具有强迫症。这里所指的"强迫"，并非是日常生活中用来表示过度执着于某种想法或事物的状态。拉康的理论有些难懂，所以先来看布鲁斯·芬克（Bruce Fink）在著作《拉康精神分析临床入门：理论与技巧》（*A Clinical Introduction to Lacanian Psychoanalysis : Theory and Technique*）中是怎么说的："强迫症患者将对方视为自己的所有物，并且不认同对方的欲望与存在。再者，对强迫症患者来说，那个对象是可被取代替换的。"

强迫症患者将对方视为自己的所有物，不认同对方的欲望与存在，所以可以随意替换那个对象。强迫症患者的口头禅就是：

"我说了算！"他们具有将自己的欲望摆在第一顺位、忽视他人欲望的倾向。这不正是一般男人的缩影吗？各位请试着回想一下恋爱时的情形。大致来说（让我们这么说吧，因为最近已出现不少变化），男人都不太会细心去观察女朋友的感受或心情，他们总是忙着袒露与观察自己的欲望。事实上，拉康表示大多数的男性都患有强迫症。

女人的另一个名字：歇斯底里

而大多数的女人都有歇斯底里的特质。"歇斯底里"在精神分析学概念上的含义也并非一般认定的那种很会闹脾气、发神经的情况。为了准确掌握何谓歇斯底里，我们再次回到布鲁斯·芬克的《拉康精神分析临床入门：理论与技巧》。他的解释是："歇斯底里患者不像是强迫症患者般，将对方视为自己所有。反而会试着找出他者的欲望为何，并努力成为可以维持对方欲望的那个对象。"

歇斯底里的结构与强迫症正好相反。歇斯底里患者会探查出对方的欲望为何，并试着成为对方欲望的特定对象。简单来说，他们的口头禅就是："照你说的做。"这类型的患者会重视对方的欲望胜过自己，是为了迎合对方的欲望而出现的神经症症状。然而，这不正是一般女性的缩影吗？恋爱时，比起坦然说出自己想做的事情，女人通常会想要知道男朋友的想法，陪他一起去做那件事。根据拉康的说法，大多数的女性都具备"试着迎合对方欲望"的歇斯底里特质。

不要神经症的爱情，为成熟的爱情努力

终究没有人可以从"欲望"中得到解放。我们大多数人都是神经症患者，男人患有"强迫症"，女人则患有"歇斯底里症状"。虽然男女在各个方面有许多不同，但若追根究底，就会发现原因来自"强迫症"与"歇斯底里"，男女之间的差异同时是这两者的差异。撇除"对、错"或"程度差异"不谈，男人确实或多或少都具有强迫症倾向，而女人则具有歇斯底里的倾向。

如此说来，男人和女人应该要保持原有的神经症症状，继续生活下去吗？从某方面来看，男人和女人可说是天生绝配呢。因为这可是"我说了算"和"照你说的做"的相遇。只要谈过恋爱的人就会知道，强迫症与歇斯底里碰在一起的结果其实并不会多好。男人总是坚持自己的欲望而让对方受伤，最后弄到自己得饱受空虚之苦。女人总是为了迎合对方的欲望而失去真正的自我，最后双方都承受寂寞之苦，这就是强迫症与歇斯底里会走上的终点。

那该怎么办才好？必须摆脱神经症才行。各位千万别误会，摆脱神经症并不代表就会因此成为一个正常人。因为对于拉康来说，打从一开始就根本没有所谓的正常人存在。要摆脱神经症，就必须在这两种症状中取得巧妙的平衡。男人要好好控制自己的强迫症，并努力活得歇斯底里一些，练习观察对方，而非总是着重于自己的欲望。反之，女人要试着控制自己的歇斯底里，并努

力活得强迫症一些，练习专注于自己，而非对方的欲望。唯有这样，才能摆脱神经官能之爱，进而达到成熟的爱情。

来自火星与来自金星的人和平共处的方法

男人具有强迫症，女人具有歇斯底里的倾向。但也并非所有男人和女人都如此。也有女人具有强迫症，而也有男人具备歇斯底里的特质。不，应该说每个人都具有强迫症和歇斯底里的一面，这才是更贴近人生的真相。现在最重要的并非男女之间的问题，而是人类本身的问题："有强迫症的人和歇斯底里的人该如何和平共处？"

现在应该能回答这个问题了，这与谈一段成熟感情的答案相同。就如同拉康的检测，正常人根本不存在。无论是男是女，大多都是会说出"我说了算"（强迫症）或"照你说的做"（歇斯底里）的神经症患者。身为患者的我们，为了在生活中减少对彼此的伤害，最需要的就是平衡感，在无法摆脱的这两种症状之间，取得能熟练来往于双方的巧妙平衡。强迫症较强烈的人就要多往歇斯底里偏一点，而歇斯底里则反过来要往强迫症偏一点才行。

我们必须偶尔专注于自己的欲望，时而细心观察对方的欲望，并在强迫症和歇斯底里两种神经症之中自由切换才行。如此才能减低彼此之间的伤害，与他者和平共处。各位千万别忘了，想要过好生活，就必须将与他者共同生活时难免会发生的碰撞频率减到最低。

哲学家指南：拉康

　　拉康被世人评为"弗洛伊德传人"，他曾说过这样的话："让我们回到弗洛伊德吧。"他认为精神分析学的动向已经偏离弗洛伊德理论的固有精神，但若因为拉康被称为"弗洛伊德传人"，就认为他的想法停在弗洛伊德的精神分析学，可就是大大的误会了。

　　拉康的精神分析学有一个特点，他为了掌握弗洛伊德流传下来的精神分析学中的潜意识，下了很大功夫。然而拉康却以不同以往的精神分析学动向来掌握并研究潜意识。所谓的创意，并非完全出自新的想法，而是将既有看似毫无关联的东西连接起来，这才是创意的本质。以这点来说，拉康极具创意性。因为他将精神分析学和看似与之完全无关的构造语言学结合起来。

　　拉康为了查明以弗洛伊德为代表的精神分析学的潜意识，引进了以索绪尔为代表的结构语言学概念和理论。因此，他的精神分析学与弗洛伊德的或现有弗洛伊德主义者的，走上了截然不同的全新方向。这在拉康最基本的命题中表露无遗："潜意识就像语言一样结构化。"在精神分析学中，神经症、口误、玩笑、梦想等现象，大多被视为出自潜意识的表现，被称为是潜意识的"征兆"。

　　拉康借用了语言学的用语来诠释精神分析学。在语言学中，有"符征／能指（signifier）"和"符旨／所指（signified）"两种概念。"符旨"是意思本身，而"符征"则是用来表示那个意思的符号。若"剪刀"这个单词属于符征，那✂就是它的符旨。拉康将表现潜意识的神经症、口误、玩笑、梦想这些征兆写成"S"，并将潜意识本身写成"s"，并以"S／s"的公式来表示。这是借用了索绪尔在发展自己的语言学时，以大写"S"表示符征，以小写"s"表示符旨的用法。

如同一般人会说"梦是相反的"，拉康主张征兆并不会直接透露出潜意识的想法。他的名言："符征无法达到符旨，并且不断滑落。"就是在指这件事情。根据拉康所言，梦（征兆）无法达到潜意识，只能不断滑落。"S／s"的公式早已揭露出这个精神分析学上的事实。位于"S（征兆）"与"s（潜意识）"之间的"／"代表的正是潜意识这座墙。而符征正是因为这座高墙，无法触及符旨。

这么说来，若想了解符旨（潜意识），又该怎么做？若无法以显现的梦（符征、征兆）来掌握潜意识（符旨），岂不是永远都无法了解潜意识吗？因为潜意识指的就是人们没有意识到的部分。拉康以结构语言学突破了这个问题点，我们可以将表示符旨（潜意识）的符征（征兆）与其他符征（征兆）连接后加以诠释，便能够掌握。例如，并不是梦到正在吃东西的梦（征兆），就一定代表自己在潜意识里渴望着食物。

为了掌握潜意识,我们可以从其他与梦(征兆)相关的连接进行解释,进而掌握潜意识。

话说回来,这和什么都不懂的幼儿学习语言的过程,不是很相似吗?光凭"剪刀"这个符征(单词)是无法理解其意义的。这和妈妈用手指比向✂告诉小孩这是"剪刀"是相同道理。因为他们无法分辨究竟妈妈指着✂的手指是"剪刀",还是✂的颜色是"剪刀"。他们理解✂的符旨并非因为"剪刀"这个符征(单词),而是在"手指""纸张""剪"等其他符征的连接下才得以理解。拉康就是如此将弗洛伊德的精神分析学与索绪尔的结构语言学合而为一,发展出自己独特的思维。

 **14** 为何在工作时会感到畏怯

——阿图塞的"意识形态"

献给畏缩的兼职者

深夜前往便利店,总是会让我感到莫名的不自在。原因出在工读生总是以开朗的语气招呼着"欢迎光临",为何我会对这开朗的问候感到不自在?因为在开朗的问候之下,很可能隐藏着他们在努力面对艰辛生活时的疲惫表情。无论是面对店长还是客人,工读生都必须顺从,即使到了深夜,他们还是不能显现出任何一点疲态,只要一有客人出现,就必须硬挤出笑容应对,这让他们更感疲惫。听话的工读生们总是很畏怯,所以也只能硬挤出笑容来。

只有工读生如此吗?其实我们也一样。当我还是新进员工时,每天上班途中都因为太过紧张,连肩颈都开始酸痛。便利商店的工读生必须硬挤出笑容,我则是每天都必须时时刻刻地看人脸色,不仅是前辈和上司的脸色,就连接到新的业务也是这样。接到新业务时该怎么办?要问谁才好?这些问题总是让我焦躁不安。虽然

还是有一些程度上的差异，但我们在工作时也会感到焦躁不安，理由就和工读生一样：因为总是畏畏缩缩，才会如此焦躁不安。

回过头来问一下：我们为何在工作时会感到畏缩呢？赚钱是否就像我妈说的，"要从别人口袋里掏钱，就像是用手指戳自己的眼睛一样困难"呢？想要工作赚钱，就得老是畏畏缩缩地硬挤出笑脸，还得看人脸色吗？这样有点奇怪。工作不就是在履行雇主与雇员之间"我提供劳力，所以你提供相应的金钱"这样的合约吗？合约上并没有规定"在工作时必须要感到畏怯"，所以可以不用强迫自己挤出笑容，也无须看人脸色。

带着满身疲累工作的工读生若脸上没有笑容，是应该的；新进员工若无法将工作做好，是应该的；上班族准时下班，也是应该的。然而现实并非如此。就算没有人抱怨，还是得硬挤出笑脸；面对全新业务就得感到焦躁不安，下班时还得看主管的脸色。虽然程度上有所不同，但我们对于在工作时感到畏怯、看人脸色一事已经习以为常，仔细想想，这还真是荒唐。我们只不过是依照缔结的合约提供劳动力，领取相应的薪资罢了，为何要如此畏怯呢？

意识形态的哲学家——阿图塞

有请哲学家路易·阿图塞（Louis Althusser）来替我们回答"为何在工作时会感到畏缩"的问题。他应该会说"这是源自意识形态"，这回答真叫人费解，毕竟光听到"意识形态"就觉得很陌生了。

阿图塞对"意识形态"的定义是：

> 意识形态是个人与自身的现实存在条件所缔结的想象关系之表现。
> ——《意识形态和意识形态的国家机器》
> （Ideology and Ideological State Apparatuses）

哲学家的话果然难懂。简单来说，阿图塞所谓的意识形态可说是"世人的潜意识表象系统"。在此必须先了解"表象"的意思，才能理解阿图塞的说法。何谓"表象"？它是从"representation"翻译而来的用语，然而"represent"除了"表象"之外，还有"再现"和"代表"的意思。因此"表象"可说是"出现在眼前"的意思。当我们听到"飞机"就会想到 ✈，或是看到 ✏ 就会想到"铅笔"这个词，这些都是所谓的"表象"。甚至还可能看到或听到 ✏（铅笔），就想到 ✍（写字），这也同属表象。

现在可以稍微轻松地掌握何谓"表象系统"的概念了。表象就是通过某个词语将事物再现于眼前，或是在看到事物之后，脑海中再现与它对应的词语。更甚者，当透过某个事物（词语）时，脑海中再现的是其他不论是否亲眼看见的事物（词语），这种实现再现的系统就称为"表象系统"。也就是说，某样东西出现在脑海里的概念、想象、判断等系统，都是"表象系统"。它虽然看似不怎么厉害，但却找不到任何比它还要更深入我们生活的东西了。不,应该说若没有表象系统,生活就会无法维持下去。

表象系统的力量

我们之所以能够读书,是因为具备了与"书"相关的表象系统。三岁小孩会把书拿到嘴边啃,是因为他们没有这样的表象系统。上班族之所以会每天去公司上班,是因为"能够想起"(能够概念化)自己身为上班族这件事。同样,若主管没有"想起"(判断出)自己身为一个主管,就无法每天训斥下属。任何行动与判断都随时会伴随着特定的表象一同进行。我们之所以能够进行一贯的行动与判断,都是因为拥有一贯的表象系统。

这样的表象系统有个重要的特征。它虽然会因人而异,但大致上会以集团为单位,并具备相似的构造。表象系统是受到周遭人士判断的影响而建立起的体系。例如,一看到"书"就会想到要"读"它,是因为周遭人士都是如此判断。表象系统只能建立于家庭、学校、职场等特殊的制度中,也是由于这个原因,在美国的家庭、学校、职场中培育出来的人,就会有符合那个环境的表象系统;而在韩国出生成长的人,也会符合该环境的表象系统。

表象系统还有另一项特征,就是它会潜意识地运作。简单来说,当我们看到书,并不会下意识地去想:"这是书,不能吃,是拿来读的。"只要表象系统扎根,它就会在潜意识的领域中运作。假设有一位韩国男大学生,他不会下意识地先判断:"我是男性,是韩国人,还是一位大学生,所以我要穿裤子、吃泡菜和读书才行。"然后才做出行动，这所有的一切都是在潜意识里运作。表象系统是属于潜意识的。

世人潜意识的表象系统——意识形态

阿图塞以"世人的表象系统"来诠释意识形态，指出"世人都在意识形态当中潜意识地判断与行动"。他认为若没有意识形态，就无法得知自己的定位在哪，也不会知道自己该在那个位置上做什么。因此"世上不存在任何一个没有意识形态的社会"。换句话说，只要是人类，就无法摆脱意识形态的这个结构。

此处有个严重的问题。意识形态在本质上仅是对现实的想象体验，因此意识形态所展现出来的并非是现实的原貌，而是已经变形扭曲过的样子。假设有个人具有"只要是人就要吃泡菜"的意识形态，这不是现实原貌，是出自他在韩国生长的过程中，产生出已受到变形扭曲的想象体验罢了。相同道理，在欧洲出生长大的某人可能会有"只要是人就要吃起司"的想法。我们看阿图塞是怎么说的。

"我们从意识形态里发现的表象，就是在关于世界的想象表象中反映出人类存在的条件，那是他们的现实世界。"虽然意识形态是对于世界的想象表象，但对于所有个体而言，那是现实世界。简单来说，这代表人们虽然生活在想象表象当中，但他们早已接受它为各自生命中的真实世界。因此可以说意识形态是"对于现实存在条件的想象关系"的表象，也就是说，意识形态所展现的并非现实原貌，而是早已变形为被视为理所当然"应该是这样"的关系。

男性与女性员工的意识形态

有一家营运得非常顺利的公司，突然收到大量订单，业务量因此暴增。虽然面临必须加班的情况，但女性员工们却因故不得不准时下班，每天都得加班的男性员工此时就以"没有同袍意识""根本就是性别歧视"来责怪女性员工。对男性员工来说，女性员工们"没有同袍意识"和"性别歧视"就是"他们的现实世界"，在他们的意识形态里，确实是如此。

然而男性员工的现实世界，真的就是"现实"吗？让我们站在其他意识形态的人的立场来看"他们的现实世界"。男性员工之所以会责怪女性员工，是因为深信自己必须加班是由于女性员工准时下班的缘故。然而，这并非是真正的"现实世界"。若公司老板随着业务量的增加，再招聘更多员工进来，打从一开始就不会发生这样的事情。男性员工必须加班的原因并非来自"女性员工的准时下班"，而是"老板压榨劳工"。他们将只属于自己的"想象关系"（就是因为那些女人，才害我们的工作量增加！）误认为"现实世界"，才会对女性员工有所责难。

男性员工的意识形态是以"男—女"关系为中心的意识形态。这样的意识形态会引发人们认为职场原本就是工作很多的地方，并将它视为理所当然的"表象系统"。但若是以"资本家—劳动者"

关系为中心的意识形态，则会引发一个被视为理所当然的"表象系统"：工作增加就会提高薪资或招聘更多员工。以"资本家——劳动者"为中心的意识形态来说的话，男性员工的现实世界分明就是误会的虚构世界。

换句话说，意识形态就是每个人各自在意的部分。戴红色镜片的人会相信整个世界都是红色，戴着蓝色镜片的人则会以为世界都是蓝色，这才叫现实。戴着意识形态眼镜的人类，会因为自己镜片上的颜色而相信虚构的事实就是现实。受到误会和扭曲的"想象表象"就这么成了"现实世界"。

我拥有哪种意识形态？

现在终于可以回答"为何在工作时会感到畏怯？"的问题。这都是源自我们拥有的"意识形态"。所以必须提出新的问题："我拥有哪种意识形态？"没有比这个更加重要的问题了，因为意识形态会在潜意识的情况下运作，而我们就在那样的运作之内思考、行动和判断。现在我们拥有的是哪种意识形态？不论你是劳动者还是资本家，这时代的多数人都是以资本家的意识形态来武装自己。

当今病态的资本主义对我们强制灌输了资本家的意识形态："钱才是第一，所以要为了赚钱去讨好付钱的人！"这就是让有钱人能过着舒适生活的资本家意识形态。可悲的是，身为劳动者的我们，却接受了资本家的意识形态，也因为如此，我们才会在工作时感到畏怯，因为我们误将"是呀，要赚钱都是这样"的虚构"想象表象"信以为是"现实世界"。

我们明明就生活在一个没有君主和贵族的民主国家，然而事实果真如此吗？封建阶级虽然已经消失，但却由有钱人顶替了那个位置。在意识上我们会认为："我又不是老板的奴隶，只不过是借由契约以自己的劳动力换取薪资而已！"然而在潜意识中，准确来说，是在潜意识之下运转的意识形态却不是这么回事。我们认为"既然收了人家的钱，那么看顾客或老板脸色、尽力讨好他们也是应该的""薪水又不是被骂一骂就有了。在职场生活中难免都会受到一些人格上的侮辱"。

这和封建社会中被压榨的奴隶们的心态惊人地相似。"既然吃了人家的饭，看主人的脸色、讨好他们也是应当的。"这种奴隶心态正是将资本家的意识形态内化的代价。这就是我们正正当当地付出劳动赚钱，甚至受到资本家的压榨，却还必须畏畏缩缩、看人脸色、担惊受怕的根本原因。我们会在工作时感到畏怯，是身为劳动者，却将资本家的意识形态内化所付出的代价。

认同自己人生的意识形态

该怎么做才不会畏怯呢？我们需要的并非认同资本家人生而是认同自己人生的意识形态。我们需要的并非资本家而是自己的眼镜。我们该如何戴上那副眼镜呢？不知你有没有过这样的经验：戴着眼镜就想要直接洗脸，然后被吓一跳。眼镜（意识形态）最可怕之处就是"戴太久就会忘记它的存在"。这个世界看起来会是红色，是因为我们戴上了红色镜片的眼镜，而我们又太轻易确信世界原本就是红色的。

若想要找到认同我们生活的意识形态，就必须先做到这件事：体悟到自己已经戴上资本家眼镜很久这个事实！我们必须认知到世界之所以看起来会是红色，并不是因为它原本就是红的，而是由于鼻梁上那副红色镜片的眼镜，才能明白虚构的想象并非真实世界。当然了，就算认知到这件事，也不代表马上就能换上别的眼镜。为了戴上认同自己生活的眼镜，我们还得再做一件事。

意识形态不是观念，而是一种实践

阿图塞曾经引用帕斯卡的一句话："跪下来祈祷吧！这样你就会相信了。"从话中得以窥见，我们还是有希望能创造出认同自己生活的意识形态。阿图塞曾说："意识形态并非单纯的观念，而是在物质上拥有有效果的物质性存在，同时它也透过物质上的装置存在。"这表示意识形态是一种经过制度化的物质装置，并透过特定方式在装置内实践存在和运作。就像是必须走到教会（物质装置），合掌祈祷（实践）才能信神（意识形态）。意识形态想要阐述的就是相同的道理。

我们之所以会受限于资本家的意识形态，不正是因为在家庭、学校、职场、电视等制度化的物质装置中，进行与其相应的实践（读书、对话、教育等）吗？资本家的眼镜早已在这样的过程中融入我们体内。为了创造出能够认同自己生活的意识形态，必须在相对应的制度化物质装置内进行特定实践才行，这当然不容易。

但我们若想要做自己的主人，而非过着畏怯的奴隶生活，就必须赶紧努力创造全新的意识形态。即使不够宏伟也好，即使只是看着认同劳动者生活的哲学书也好，即使只是看一些"歌颂人与爱情比金钱更重要"的诗歌、电影或小说都好，甚至还能试着寻找或创办实践意识形态的小型聚会。这样我们才能通过准备物质装置和一些小小的实践，一点一滴地打造出认同自己生活的意识形态。

哲学家指南：阿图塞

一说到阿图塞，就不能不提到他的"召唤命题"。这在他的意识形态论中可是最核心的主张。"召唤"就如同它的字义，是"呼唤对方"的意思。而"命题"简单来说就是"主张"。因此可将召"唤命题"说成是"关于呼唤对方的主张"。现在我们来深入探讨"召唤命题"。阿图塞是这么说的：

> 我作为最初的正规，想要阐述所有意识形态都将"具体的个人召唤"作为主体。……我们可将它表象于像是在生活中常见的警察召唤。"嘿！就是你！"假设这个想象的理论场景就发生在大马路上，被召唤的个体一定

会回过头看。透过这个单纯的一百八十度物理性旋转，他因此成了主体。因为那个召唤正是"直接"指向他，而"被召唤的人"（不是他人）马上就理解那是在叫"他"的事实。

——《意识形态与意识形态的国家机器》

"意识形态将具体的个人召唤作为'总是—已经'的主体。"这个主张就是阿图塞的召唤命题。它其实并不难懂。当我们听到有人叫出"黄珍奎""郑秀香"来呼唤自己的姓名而转头确认时，我们就成了主体。刚出生的那一刻，我们什么都不是。但一段时间过后，不知从何时开始，便对"黄珍奎"这样的召唤有了响应，于是当下就诞生成为一位姓黄的韩国人，是一名初中生，是一个劳动者之子这样的主体。"总是—已经"代表的是不论"黄珍奎"是否出生，整个社会已经做好要召唤某人为"黄珍奎"的准备了。

阿图塞主张名为意识形态的潜意识表象系统，会因为"召唤"而在一个人的想法或判断、行动中启动，因此无法将主体和意识形态分离。我们现在已经知道工读生会畏怯，都是受到资本家的意识形态钳制的缘故。话说回来，他们又是怎么被资本家的意识形态钳制住的呢？因为工读生曾被资本家的意识形态召唤过多次。欧洲的劳动者在工作时从不会畏怯，不看人脸色，也不对人卑躬屈膝。现在是否终于知道原因在哪里了？因为在出生和成长的过程中，他们不断地被劳动者的意识形态召唤所致。

　　结果重点还是在于"召唤"。因为我们总是依据由"总是—已经"构成的社会关系召唤来思考和判断。若现在构成我们生活的意识形态令我们过得不幸，那该做的事情就很清楚：必须得进到其他的召唤关系当中！找一个会以不同方式召唤我的人，并与他们一起连手改变召唤关系。在这个过程中，我们便无须再过着畏畏缩缩，总是看人脸色，对人鞠躬哈腰的生活，而是可以成为一个在面对任何人或任何事情时，都能堂堂正正对应的人。

　　"当我呼唤着你的名，你走向我，成为一朵花。"这是韩国诗人金春洙的诗句，我想斗胆地将它改成："当我以'全新的方式'呼唤着你的名，你走向我，成为'全新的'一朵花。"

 **15** 找到天职就能得到幸福吗

——萨特的"脱存"

梦想要辞职的人们

"你为什么要来我们公司应聘？"

"我这辈子就是为了进入三星电子工作而生。"

这是某个大学应届毕业生在面试时与考官的对话。从对话内容看来，想要就业似乎不是那么容易。难道在面对考官询问应聘动机时，回答自己的未来志向或能在职场上做出的贡献还不够吗？现在这个时代，若不将自己出生的原因，也就是自己"存在的理由"与"求职理由"统一，就很难找到工作。"上班族"是必须通过那道艰难关卡才能得到的名号。那我想问一问，进入了如此渴望的职场后，大家就能不抱二心，乖乖地过着职场生活吗？

答案似乎并非如此。没有任何一个空间能像职场一样，戏剧性地改变我们的梦想。在还没有工作时，梦想当然就是找到工作。然而只要开始进入公司上班，就会出现比那还更加渴望的梦想——辞职。在薪水族当中，多数人都怀着想要痛快辞掉工作的梦想。

我当时也是如此。勉强自己做着讨厌的事情，与不喜欢的人相处，这些不断地在消耗我的灵魂和肉体。因此对于当时还在公司上班的我来说，最渴求的梦想就是辞职。

找到天职就能得到幸福吗？

在不幸的现实生活中拼命挣扎的人，总会环顾自己的四周。我当时也是努力找寻生活的看似幸福快乐的人。但该说是不幸中的大幸吗？那些有钱有权的人看起来过得并不幸福。我发现找到自己"天职"的人看起来最幸福。我很羡慕这样的人：窝在小剧场里演戏，说出"这辈子就是为了当一个演员而生"。为了成为歌手而参加海选，说出"这一生就是为了歌唱而活"的人，多么令人称羡。

我很羡慕能够找到"天职"，也就是得到上天赐予职业的人们。我也想要找到"能够赋予自己那无趣生活的意义"的天职。在职场上被消耗得越久，这样的想法就会更加强烈。我想应该不止我一个人如此，那些不满自己工作或不幸的人，总会想要找到自己的天职。大量的自我开发、转职、创业等并非只是单纯想赚更多钱，而是想改变自己空虚无趣的人生，借此找到天职。

然而，我们似乎忘了一个重要的问题。借由经验得知现在的工作让我们不幸，但又还没体验过，怎么知道天职是否能为自己带来幸福呢？因此最重要的问题是："找到天职就能得到幸福吗？"在忙着四处寻找自己的天职前，必须要先能够回答出这个问题才行。

"脱存"的哲学家——萨特

我们请哲学家让-保罗·萨特（Jean-Paul Sartre）来回答这个问题。萨特是存在主义的代表哲学家，他将人类的自由视为最顽强的问题。他会对正在寻找天职的我们说些什么呢？听他的答案之前，先来了解"存有"（being）与"存在"（existence）这两种哲学概念。

让我们先看"存有"。萨特说的"存有"是指本质已经固定的事物。例如包包、铅笔就是存有，包包的本质是"用来装物品的东西"，铅笔的本质则是"用来书写的东西"，它们的本质早已决定，这是某人先想到书写和盛放的本质后，才开始着手制作包包和铅笔，使它们"存有"。对萨特来说，"存有"这个概念是用来表现没有自由的事物。

那"存在"又是什么？我们可以透过萨特的名言"存在先于本质"（existence precedes essence）来一探究竟。存在是比本质还早出现的东西。在世间万物当中，有什么是比本质还早存在的？包包、铅笔、书本、房子等，不全都是已经先界定了本质（用来装物品、书写、阅读、居住），才将它们实现的存在吗？但这世上确实有一种东西的存在先于本质，就是人类。人类并没有被事先界定好的本质。也就是说，先前并未存在"必须将人类实现"的本质。来听听萨特的说法。

人类是先于本质的"脱存"

> 存在是先于本质的某种存在。在某些概念被定义之前，必须先有某种存在实存，那就是人类。
>
> ——《存在主义是一种人文主义》
> (*Existentialism is a Humanism*)

萨特将人类称作"存在"而非"存有"。"本质先于存在"是代表将存在局限于本质当中，像包包和铅笔的"存有"就被局限于它们的本质，这两者是借由实现各自的本质才得以存有，同时也无法脱离那些本质。能用来装物品时，它就是包包，但无法盛装物品时，它就不再是包包，铅笔也是相同道理，还能书写时它就是铅笔，但再也无法书写时，它就不再是铅笔了。存有无法脱离本质，因此它是不自由的。

然而，"存在"却不被局限于本质当中。就如同没有人是为了用来装东西或书写而生，意即没有任何一个人是为了实现特定本质而生的。所以严格来说，"existence"应该要翻译为"脱存"而非"存在"才正确。人类总是不断地想要从自己被赋予的本质中脱逃（exit-）。每当身份出现转换时——从小学生变成大学生，从军人变成上班族，我们就会从先前被赋予的本质中逃脱而出。人类就是如此不断地想要从本质中逃出，自由地"脱存"。

献给无法出发寻觅天职的人

现在将话题转回天职。"说什么天职，我就适合这种职场生活！"有不少人会这样说，就为了否认或逃避天职的存在，打算继续停留在自己熟悉的工作环境中。有些人即使知道目前的职场正在渐渐吞噬自己的肉体和精神，却仍把那里当成自己无法摆脱的命运般接受。他们等于认同自己是个不自由的"存有"，因为他们认为自己无法摆脱当前的本质（上班族）而得到自由。

萨特或许会对他们说："你们根本不是'脱存'，只能称得上是一群'存有'。"对他而言，这些人就和包包、铅笔没两样，都是"存有"。正如同包包是生为包包、死为包包的不自由"存有"一般，这些人也一样，他们被困在"上班族"的本质当中，无法大胆地跨出那一步。因此他们只能堪称是"存有"而非"脱存"，萨特会叫他们自由地出发去寻找自己的天职。因为在他眼中，人类就是可以从被赋予的本质中出走来的自由的"脱存"。

萨特的"虚无"

萨特指出，因为人类属于"脱存"，所以可以脱离现有的，创造出全新的本质。简单来说，做粗工的人可以成为歌手，银行员可以成为演员，服务生能成为作家，这表示任何人都能摆脱现在不断消磨自己的职场，投身前往寻找天职。但这真的可行吗？若可行的话，又是如何可行呢？换而言之，人类是如何成为"脱存"的呢？先听萨特是怎么说的：

> （假设我是上述提及的服务生）那个服务生必须是我，同时也不是我。……即使我以服务生作为我的表象，我本人也不是服务生。我与那个可以被主体称为对象的服务生是分开的，亦即我被虚无分开。这个虚无将我和服务生做出区隔。我只是扮演成为一位服务生而已。
>
> ——《存在与虚无》（*Being and Nothingness*）

结论就是，萨特认为人类不是"存在"而是"脱存"的理由必须要从"虚无"中寻找。这个说法有点令人费解，因此让我们先像萨特说的，想象一下我是服务生，为了养活家人，所以"我"迫不得已只好去夜店当服务生。但即使如此，那个服务生也不是"我"，那个服务生必须是我，同时也不是我。因为只要一有钱，我马上就会辞掉服务生这份工作。这一切都只是我正在扮演一位服务生而已。

这里有两个"我"存在。一个是"服务生的我"，要负责应付唠叨的经理和酒醉的客人，以及大白天还没睡醒，就去图书馆翻看哲学书的"不是服务生的我"。这个"不是服务生的我"与职业无关，是随时都可以辞掉工作的自由的"我"，这个"不是服务生的我"就是"虚无"，因为"不是服务生的我"可以让"是服务生的我"消失。萨特把作为"虚无"的人类概念化了。现在终于明白为何他会说人类是可以自由脱离本质的"脱存"，因为人类随时都可以将现在的本质塑造成另一个新的本质。

如何才得以找到天职？

就萨特的说法，不管是粗工、银行员还是服务生，都并非不变的本质。人类不是被局限于本质当中的存有，而是可以自由创造出全新本质的存在。但在我心中还是有一小块地方感到不是很痛快，我们都清楚萨特的言论与现实之间的差距有多大。在现实生活中，粗工、银行员、服务生继续过着原本的生活，这才是常见的情形。我几乎可以断言，根本没有人会抹灭身为粗工、银行员、服务生的自己，去创造出全新的本质。

关于这种现实问题的答案，必须从"自为存在"中寻找。萨特说"人类是自为存在"，什么是"自为"？简单来说，"自为"就是"回顾自己"的意思。他会说人类是"脱存"的理由，必须从"自为存在"中寻找。也就是说，因为人类是"自为"的，所以才能逃脱被赋予的本质，创造出全新的本质。萨特主张人类与其他事物不同，是可以反省与省察自己的"自为存在"，所以才能称为"脱存"。

萨特曾说我们可以随自己的意志，决定要让未来的"我"成为不同于以往或现在的"我"。当人类以自我意志来构成自为生活时，就可称为"脱存"。萨特之所以会认为"人类是'能自由决定未来可能的生活的存在'，是因为人类与其他事物（存有）不同，人类能回首过去，反省和省察自己。我终于知道，为何有那么多人受困于当下被赋予的本质（粗工、银行员、服务生）中，因为他们无法"自为"。

当粗工、银行员、服务生拉开一点距离来审视自己的人生时，他们就不再是粗工、银行员和服务生了。当然，当他们成为自为存在之后，这不代表他们隔天就不必再回到自己的工作岗位上。但至少他们已不再是先前那个不做任何反省和省察，被困在自己被赋予的本质中的粗工、银行员和服务生。无论他们在哪，在做什么事，或许成为歌手、演员、作家这扇天职之门早已为他们大开。只有不是自为的存在才会受困于被赋予的本质之中，并在其中流连徘徊。懂得回顾和省察人生的脱存，早已抵达天职的大门。

你找到了天职，那么之后呢？

现在来聊聊已经找到天职的人！我有一个任职于知名企业二十多年的朋友，他后来成了一名作家。他在出版了几本书之后，开始小有名气。他总是嚷嚷着自己找到了天职，因此过得非常幸福。出版的书籍内容，都是他常挂在嘴边的话。这种人总说："我的天职就是演员（歌手），我是为了演戏（歌唱）而生。"并为自己找到天职感到自豪。

对于想要寻找天职却还没找到并且彷徨不已的人来说，这些找到天职的人就成为他们羡慕和憧憬的对象。他们看着那些人，暗自发誓总有一天也要找到自己的天职。萨特会对已经找到天职或正在寻找天职的人说些什么呢？令人讶异的是，他会对他们说出与那些否定天职的人相同的话："你们根本不是'脱存'，只能称得上是一群'存有'。"

真是叫人意外。认为人类的自由比所有一切都还重要的人不就是萨特吗？让我们来看看那些找到天职或想要寻找天职的人的不同层面。他们不正是懂得反省和省察的自为存在吗？而且他们经由那样的过程，努力想摆脱或已经摆脱过去规范自己的本质（上班族），那为什么不能将他们视为自由的"脱存"，而要说是不自由的"存有"呢？我想要直截了当地问："为什么有那么多人想要寻找天职呢？"大多数人都会回答："为了得到幸福。"

执意寻找天职只不过是"自欺欺人"

天职会带来什么样的幸福？可以离开那个消耗肉体和精神的职场吗？可以找到每天都能开心的工作吗？这些都只是表象。天职的幸福，在本质上是来自消除自己的自由。天职是上天赐予的工作，因此不能拒绝，也不能闪避，找到天职的人常会说自己是为了某些事（演戏、歌唱、写作）而生的人，这意味着他们可以不用再历经职业上的混乱或不安，但就在同时，他们也将自己囚禁于特定的本质当中。

想要寻找天职和想要留在天职的理由相同。他们无法承受被赋予的自由，所以想要逃离它。前者说："只要找到天职，就不必感到不安了。"后者说："现在只要继续从事这份天职，就不会再不安。"因此逃离了自由。自由和不安就像是一体的两面：因为自由，所以不安；因为不安，所以自由。不管是那些想要寻找天职，或想要停留在天职中的人，都是因为无法承受这样的不安，才会自行抹灭自由。萨特表示他们只是在"自欺欺人"。

根据萨特所言，人类的自由虽然是绝对的，但同时会因此感到不安，所以人们才会回避自由或选择扮演道德、社会、宗教替我们选定的角色。在这样的过程中，他们费尽心思得到的，是将自己降格为不自由的"存有"，却又暗自期望感受自由的双重心态。这就是萨特所说的"自欺欺人"，而这其实距离我们不远，常见到许多上班族手上做着别人交代的工作，嘴上"自欺欺人"地说自己才不是奴隶，是个自由的人。

并非只有否定天职的人才是"存有"，试着寻找天职或停留在找到的天职中的人们也是不自由的"存有"，因为他们相信天职就是自己的本质。差别在于他们明明是"存有"，却又"自欺欺人"地装作自己是"脱存"。追根究底，他们是想要借由寻找天职、以及停留在找到的天职之中，抹灭自己的自由，所以他们应该要回头看看自己是否在"自欺欺人"。

你在寻找天职吗

否定天职，想要寻找天职，或停留在天职中的人们，全都同样地否定自由，因此他们都不是自由的"脱存"，而是不自由的"存有"。现在我们面临进退两难的窘境，要找天职也不是，不找也不是。我们究竟该如何看待它呢？来听听一个找到天职的人是怎么说的。韩国演员黄晟玟（Hwang Jung-min）曾在某次采访中说道："我总是在做梦。当然成为演员是我的梦想，但我也常思考"摆脱演员身份的黄晟玟还能做好什么事。这世上有那么多工作，我也很想尝试看看不同的职业，所以总是为此烦恼不已。有时候，比起单纯作为兴趣，有些东西也会让我想要更加深入地去钻研。我喜欢单簧管，所以目前正在学习。我常开玩笑说，要不要干脆再认真一点，去考音乐系好了。如果能考进大型交响乐团，只要坐在那里，感觉就很厉害。我也想在果园种果树。想做的事情太多了。"

虽然黄晟玟找到了天职，但他却不停滞于此。不管是单簧管或是果园，他自由地梦想寻找下一份天职，所以他不是"存有"，而是"脱存"。天职的意义在于寻找它的过程，当找到天职时，就可能是个自由的"脱存"。但在找到天职之后，却将自己囚禁于"我就是为了做这件事情而生"的本质当中，就沦为不自由的"存有"了。

无论是多么渴求的工作，都不该变成我们的本质。我们必须再次自由地踏上寻找下一份天职的旅途。我当然知道，每个人能选择的自由，都有物理上的局限。但不管在什么情况下，我们都有自由的这个选项。即使身处牢狱之中，或是受到枪支威胁，该选择顺从还是抵抗，都是各自的责任。

每个人都会有物理上的局限，但在各自面临的情况中，也有赋予其意义的自由。萨特说："人类存在着和人类是自由的，其实是同一件事。"这和他先前曾说"人类被宣告自由"相同。萨特所指的自由是如此沉重，因此当我好不容易找到文字工作这项天职之后，我又继续梦想着其他天职。因为我是"脱存"！

哲学家指南：萨特

萨特非常重要，尤其是对那些饱受生活空虚之苦的人来说。令人惊讶的是，他把那些带给人类极度虚无的现实，转换成完全的肯定。仔细想想，人类很难不陷入虚无主义之中。所有事物都知道自己存在的理由，也就是它们的本质。包包、铅笔、房子等事物都清楚自己的本质，所以非常自在。相同道理，那些相信"我是为了歌唱而生"的人，心里也一定很轻松吧！他们每天只需要实现自己存在的理由就好。

然而人类（脱存）并非那种"存有"。只要再深入一点思考，就能知道这项事实——人类存在于世上是没有任何理由的。人类与其他事物不同，不具任何目的或本质，就这么被丢到世上来，所以才会感到虚无，因为不知道自己存在的理由。我也明白了为何在历经漫长岁月后，宗教未曾在人类文明中消失，因为想要克服如诅咒般附着于人类身上的天生虚无主义，最好的方法就是从神身上找寻自己存在的原因。

身为无神论者的萨特在没有神的情况下，完全推翻了虚无主义。打从一开始自己就没有被任何本质给定义，这不就代表自己根本就没有受到约束吗？在能够意识到人类被赋予极端虚无的那一瞬间，人类就能得到真正的自由。萨特很明显想要告诉我们：人类虽然是无缘无故就被丢到世上，只能过着没有任何目的的生活，但正因为如此，反而可以成为自由发展出各自存在意义的创造性存在！

撇除萨特闪现的思维转换不谈，这还是让人内心感到一丝不快。我们可以把那个不快具体化成一个提问："人类真的自由吗？"虽然萨特主张人类是自由的存在，但现实似乎与之相反。在现实生活中，有太多压抑着自由的东西。在此，萨特提到的"介入"（Engagement）概念就变得重要了，"Engagement"可译为"涉及"或是"介入"。

人类是完全自由的"脱存"，因此萨特关心的重点在于个人。然而第二次世界大战的惨痛经验让他把关心的重点转向他者与社会。为何会有如此变化？因为互相残杀的战争是极度扼杀个人自由的代表性事件。虽然人类在本质上是自由的，但在现实生活中，会出现压抑人类自由的势力与集团。萨特在此领悟到，只要有压抑人类自由的势力或集团存在，人类就无法完全得到自由。

他因此深切感受"介入"的重要性。为了能让人类得到完全的自由，就必须要有"介入"，要挺身而出，与压抑人类自由的势力对抗。事实上，萨特也是一位亲身实践"介入"的哲学家。他反对阿尔及利亚战争和美国参加越战，同时还是推翻戴高乐独裁政权的关键力量。萨特是一位随时都在为人类自由抗争的哲学家，他大声疾呼，叫我们不要逃避自由，要自我决断，并堂堂正正地去面对它。站在不合理和不义面前，我们善于将之合理化："面对如此的处境和情况，我也没办法呀！"对于这样的我们，萨特的呼喊一针见血。

哲学与人生

"人类似乎要等到迈入老年的时候,才有办法提出'何谓哲学?'的问题。"

——吉尔·德勒兹&
费利克斯·瓜塔里
《什么是哲学?》

哲学是一种让人看起来"老成"的东西。老成,其实就是成熟的另一种说法。因为哲学已经让人先体验老成,所以可以借由它让人生变得更加成熟,这就是哲学最大的用处。先暂且不管德勒兹和瓜塔里的苦口婆心,希望我们不要等到太迟才提出"何谓哲学?"的问题。希望各位可以幸福地尽情体验"老成"的感觉。这才是哲学的用处与乐趣。

 **16 人生一定要有计划吗**

——列维-施特劳斯的"博艺不精者"

你在制订计划吗

"你制订读书计划了吗?"

"你未来的计划是什么?"

当我们要开始做一件事情时,最先做的就是计划。尤其是面对全新的挑战或重要的事情更是如此。学生时期拟定读书计划,进了公司之后则是改成制订工作计划。让我们来探讨这一直被视为理所当然的"计划"究竟为何。为什么要制订计划呢?要回答这个问题,就必须先从"你在计划什么?"开始说起。若现在要制订的是读书计划,首先要准备笔记本、书、文具等用品,之后再利用它们规划时间表。

计划就是在执行某件事情之前,在物质上、精神上要事先准备的东西。现在终于可以回答为何要制订计划的问题了。关键词就是系统、效率和成就。会制订计划的理由非常明确,就是因为我们相信必须要制订"计划",才能"有系统""有效率"地做事,才能得到更好的"成就"。若转换成公式，就是"计划→系统/效率→成就"。

虚构的公式：计划→系统／效率→成就

"计划→系统／效率→成就"是事实吗？大家似乎盲目地相信这个公式就是真理，"计划→系统／效率→成就"只是一个虚构的公式，并非人生真相。"计划"随时都可能因为突发的变量而被破坏，一旦"计划"被破坏了，因它所制订的"系统"会跟着崩坏，最后再也无法达到"效率"，所以想要达到的卓越"成就"，当然就跟着不见了。这才是人生的真相。

来回顾一下我们的人生。当学生时，每个人都会费尽心思制订寒暑假计划，然而这些满满的计划却总像泡沫般化为乌有，大家应该都有过这样的经验吧？考试前制订的学习计划也是如此，最后都不会依照计划执行，而是赶在最后一刻临时抱佛脚。就算成为大人也是一样，虽然事先制订好出差或工作计划，但在实际执行之后，会发现有很多意外的变量让原定计划变得毫无系统和效率可言。

当然，这并不代表计划就完全没用，当开始做一件全新的或令我们感到不安的事情时，事先准备好万全计划，会带给我们心理上的安慰："只要依照计划执行就没问题了！"可惜的是，这种安慰只有在制订计划时才有效果，只要一出现偶发的变量让计划毁掉，心理上的安慰反而会转变成更强烈的不安："计划全毁了，接下来该怎么办？"

野性的哲学家——列维－施特劳斯

这让人想要继续追问下去："难道计划完全没用吗？"若讲得果断一点，没错，计划是没用的。但因为我们为了不安的未来，总是会想要制订计划以求得心安和平静，所以会急着继续问下去："那么我们该怎么生活？"听听哲学家克劳德·列维－施特劳斯（Claude Lévi-Strauss）给出什么样的答案。他不仅是一位哲学家，同时也是文化人类学者，自一九三〇年起，他便开始一边探访亚马孙这类的偏乡，一边研究文化人类学。

列维－施特劳斯在偏乡观察原住民生活的过程中，洞察了一项事实，正巧也是他其中一本著作的名称：野性的思维。为了说明这个概念，来看看《野性的思维》（*La Pensée Sauvage*）这本书中的事例。在新几内亚住有 Gahuku-Gama 族的原住民，自从欧洲文化流入之后，他们就开始学踢足球，有趣的是，他们的足球规则有一部分与一般所知的不太相同。

大多规则像是不能用手碰球等，与我们所知的相同，但到底是什么规则不同呢？答案是基本规则不同。他们不遵守胜负规则这个几乎可说是所有运动都有的基本规则。听说 Gahuku-Gama 族人一开始玩足球时会先分成两队，一直玩到彼此不分胜负为止，若都没办法打成平手，据说甚至会连续对战好几天呢！列维－施特劳斯把原住民的这种思维模式称为"野性的思维"。来听他是怎么说的：

> 野性的思维指的并非野蛮人的思维，也并非未开化或原始人的思维。这不同于为了提高效率而被精练或驯化过的思维，是一种还没被驯化过的思维。

——《野性的思维》

对于已经文明化并相信体育就是要分出高下的我们来说，Gahuku-Gama族的足球比赛方式看起来实在荒唐。但根据列维－施特劳斯所言，原住民的思维模式是以在共同体之中的对称关系来构成共存的世界，而非建立彼此间的差异。现在我们终于能理解他们拼命想要打成平手的原因了。他们想要打造出的并非是具有差异的共同体，而是一个可以共存的共同体。列维－施特劳斯把原住民的这种思维模式命名为"野性的思维"。

具体事物的科学：野性的思维

对我们来说，"未开化的思维"看起来一点都不科学，所以非常无知，甚至荒唐可笑。然而列维－施特劳斯却主张"未开化思维"并不亚于"文明思维"，并拒绝以二分法来区分这两种思维形式。他赋予"未开化思维"的思考结构一个新名称：野性的思维。列维－施特劳斯甚至把"野性的思维"称作是存有一贯秩序的"具体事物的科学"。他是这么说的：

居住于玻利维亚高原的艾马拉（Aymara）印第安人在保存食物方面是非常出色的研究家。光从以下的案例便可得知。第二次世界大战时，美国将印第安人的脱水技术原封不动地搬来，把几百人份马铃薯泥材料压缩成鞋盒般大小。除此之外，他们也是出色的农学家和植物学家，在分类栽培茄属方面的栽植方式可说是无人能敌。

——《野性的思维》

我们称之为原住民或原始人的人，并非是不具备科学性思考的存在，他们只是使用与我们不同的科学——"具体事物的科学"来思考而已，所以在农学或植物学领域，原住民的科学自然远比"文明人"（准确来说是西方文明）的科学还要先进，因为"具体事物的科学"是与我们"文明思维"不同的"野性的思维"。

想想看这些原住民的生活，他们就算不懂建筑学还是能盖出很棒的房子，就算不懂医学还是能够医治病痛。那些被我们认为是咒术、咒语、迷信的，就真的未开化吗？原住民应该是以他们纤细敏锐的感觉，反复观察了大海、陆地、风、光线、天空的颜色与浪涛，并以他们观察到的具体知识作为基础，依此来盖房子，使用药草医治病痛之人。这应该就是为何列维-施特劳斯会说"野性的思维"是"具体事物的科学"。

列维-施特劳斯指出，只要是人类，"野性的思维"是任何人都会具备的先天思考结构。他认为以二分法来划分"野性思维"和"文明思维"是错误的。"野性的思维"不仅是与我们（文明人）完全不同的原住民才有的思维模式，也是今日我们共享的那些最基本和潜意识的思维模式，他认为"野性的思维"是所有人类都早已具备的某种先天思考系统。

列维－施特劳斯的"博艺不精者"

现在回到原本的话题。计划是"文明思维"，是科学的文明思维。然而这文明思维正如战争一般，也如同坚持要分出胜负的体育一般，并没有让人类活得更像人类，以"野性思维"的角度来说，计划毫无意义。请各位想想，对生活在一个没有工作、保险、年金的环境，野性生活就是突发变量的这些人来说，计划会有意义吗？

计划对原始的原住民来说，根本就不具任何意义。所以他们打从一开始就不会制订"一个月之后去猎山猪，两年之后盖房子，五年之后要整治家里"的计划。对于不先制订计划就会不安到什么事都做不了的我们来说，会对这一点感到好奇："以"野性思维"思考的原住民，在没有计划之下是怎么生活的？"为了替各位解除疑问，先了解一下列维－施特劳斯的"博艺不精者"（bricoleur）概念：

"Bricoleur"这个法文动词在过去用于球类比赛、狩猎、骑马等活动,指的是球弹回来、狗走失方向或马为了避开障碍物而偏离直线跑道等偶发性的举动。现今则是演变为"博艺不精者",用来指称那些使用手上拥有的任意道具打造出某样东西的人,以便与工匠做出区隔。

——《野性的思维》

我们很难在中文中找到可以准确表达"Bricoleur"的词汇,一般普遍会译成"修补匠"。虽然这些"博艺不精者"是精通于可亲手打造出任何东西的"杂工",但他们做的东西包罗万象,与专精制作单项物品的"工匠"有所不同。再看一下列维-施特劳斯是怎么说的:

这些工艺者可以从事许多不同的事情。他们与工程师不同,因此不论手边是否准备好与工作目的相符的计划、工具或材料,都不会受到太大影响。他们能使用的材料非常受限,因此原则便是以"可轻易取得的东西"来一决胜负。也就是说,他们手边的工具和材料都寥寥无几,而且还只是些零碎的东西。这些东西都并非因当前计划或与某种特定计划相关所形成,只是偶然的产物而已。

——《野性的思维》

博艺不精者——无计划之人

计划其实没有我们想的重要。正如列维－施特劳斯所言，手边拥有的东西并非因计划或某种特定计划相关才形成，只是偶然的产物。我们普遍会将计划视为"文明思维"，而将毫无计划的人生视为"未开化思考"，因此无法接受也无法认同毫无计划的人生。虽然深信通过计划可以确保效率和系统流程，借此达到卓越的成就，但事实却常常与此相反。

你会许会产生这种疑问："住在丛林中的原始人与住在都市中的我们不一样呀！"也可能会反问："不正是因为原始人住的环境与我们不同，才有可能不制订计划也能生活吗？"对此，列维－施特劳斯在《理性的思维》中举出一个非常有趣的例子，就是邮差费迪南德·薛瓦勒（Ferdinand Cheval）的故事，他虽然住在都市，却有着"野性的思维"。

薛瓦勒送信已经有四十五年之久，他会在送信途中收集各种有趣的石头，他用这些石头打造出独特的梦幻建筑，取名为"理想宫"（Le Palais idéal），这座建筑融合了中世纪的城堡、瑞士的小山庄或印度教的寺院等各种不同风格。"理想宫"因为带给许多超现实主义者极大的灵感，所以被评为出色的艺术作品。超现实主义者的法国诗人安德烈·布勒东（André Breton）甚至为此写了一首"邮差薛瓦勒"的诗。薛瓦勒的"理想宫"现在变成法国东南部奥特里韦的著名观光景点。他正是都市"博艺不精者"的例子。

"没有计划的计划"或"超越计划的计划"

想想邮差薛瓦勒的工作室,那里面应该没有所谓的计划,只有满地看似毫不相关的材料与工具。身为博艺不精者的薛瓦勒,他不是工程师,工程师会事先制订好计划,待找齐计划中所需工具之后才会开始作业。但薛瓦勒不同,他只是把碰巧或偶然间收集到的各种零碎、性质不同的材料重新组合排列在一起,进而打造出"理想宫"如此出色的作品。在这个杰出的"成就"当中,既没有"计划",没有"效率",更没有系统。

并非只有丛林的原始人才会进行"野性的思维",住在都市里的邮差薛瓦勒(博艺不精者)也是进行"野性思维"的人。"野性思维"是不刻意计划的人生,就像无法计划会捡到哪颗石头的薛瓦勒一样,只是欣然接受生命中的碰巧与偶然。博艺不精者指的就是接受"野性思维",并借由自己的双手重新打造经手之物的人。我当然知道不能全面否定计划本身。严格来说,薛瓦勒也有计划,然而他的"计划"却与我们的不同。试想他在打造理想宫的过程中,应该会按照前一天偶然捡到的石头形状,计划要建造成什么样的建筑。然而前一天的计划会因为今天偶然捡到的石头形状不同而被舍弃。然后他又看着新捡回来的石头,重新拟订新的计划。博艺不精者也会制订计划,只是他们的计划并非一成不变。

进行"野性思维"的"博艺不精者",他们的计划都是灵活可变的,会依据每一瞬间遭遇的碰巧与偶然,不断反复进行放弃和重新拟订,其实这对我们(文明人)来说根本称不上计划。换句话说,博艺不精者的计划是"没有计划的计划"或"超越计划的计划"。

别再计划了,就以"野性思维"来生活吧!

这里有两种计划,分别依据"文明思维"和"野性思维"来制订。前者制订出的计划源自"想要除掉突发性的碰巧与偶然"(各位请想一想结婚、住宅、储蓄、保险、年金吧)。然而后者则是全面接纳了碰巧与偶然。或许在我们接受"文明思维"的同时,也失去了原始具备的"野性思维"。

失去"野性思维",或许就失去了得以拯救我们人生却无法用逻辑和科学说明的"野性直观",就是邮差薛瓦勒拥有的"野性直观"——看着每次偶然捡回的石头,并用它们打造独特的皇宫。我们是否已经失去"将生活中必会出现的碰巧与偶然照单全收"的力量?"文明思维"是否遮蔽了我们的"野性思维"?这是否就是我们永远无法按计划进行的理由?

以"文明思维"制订出的计划根本没有用,甚至将我们的人生推向了更大的不安。我们必须要完全接受人生中的碰巧与偶然。为此,要做的努力非常明显:以野性思维生活!但这必须先从"野性思维"亚于"文明思维"的刻板观念中跳脱才有可能。还有,只有试着成为相信五感和直观,并投入全身生活的"博艺不精者",计划才得以实现。这就是我从列维-施特劳斯身上学到的生活智慧。

哲学家指南：列维-施特劳斯

列维-施特劳斯长期探访偏乡，与原住民一起生活。他为何要如此辛苦？因为他想找出"所有人类文化的共同秩序为何？"这个本质性问题的解答。他认为无论是东方、西方，或在古代、现代，人类存在的所有文化当中，都有一种普遍秩序。他确信只要是人类居住的地方，必定存在这种共同秩序，所以他才会四处走访险峻的偏乡。

列维-施特劳斯想要寻找的不仅是共同的社会、文化秩序，更是人类普遍的思考结构。他认为倘若所有文化都具有共同和普遍的秩序，必定会存在着让这秩序得以实现的普遍思考结构，他将其称之为"社会潜意识"。为了寻找社会潜意识，他又抛出另一个问题："大自然结束，文化开始的地方在哪？"

仔细想想，人类还真是特别。人类和狗、兔子、马、牛这些动物一样以生物性生命存在，但同时又与这些动物不同，因为人类还以社会性模式存在。列维-施特劳斯所钻研的问题就是："人类社会与动物不同，拥有能让社会维持稳定性和持续性的规则或秩序。但这是如何办到的？"为了寻找这个问题的解答，列维-施特劳斯开始注意自然与文化的交汇点。他认为只要在那个地方找到答案，就能找出人类的普遍秩序和思考结构。

而他所找到的自然与文化的交汇点，也就是得以区分动物与人类的支点，令人震惊。列维－施特劳斯指出，建构普遍社会秩序与社会潜意识基础的就是"禁止近亲性交"。根据他的论点，禁止近亲性交分为"许可"与"禁止"两种秩序。在一定的范围内"禁止"性结合，但在那范围之外，可以借由结婚制度来取得性结合的"许可"。列维－施特劳斯主张这就是区分自然与文化的支点。

在动物之间并未禁止近亲性交，因此不必"许可"以结婚等特定方式达到稳定的性结合。列维－施特劳斯认为，所谓结婚就是站在近亲通婚的基础上，以交换女性缔结而成的人际关系。两个不同团体通过名为结婚的文化，借由交换女性来达成亲属关系。甚至这样扩张的亲属关系会更进一步成为社会构造的基础。列维－施特劳斯主张，人类特定的社会潜意识就是经由这样的过程所形成。

 **17** 有办法和讲不通的人沟通吗

——维特根斯坦的"语言游戏"

长辈是令人不想沟通,不,是无法沟通的对象

"你是大学生了,就该去投票呀。话说你投给谁?"

"我打算投文在寅[1]或沈相灯[2]。"

"怎么能投那些人!想让国家毁了吗?"

"……"

这是韩国一个年过六十的父亲与大学生儿子的对话。儿子被父亲毫无任何根据和逻辑可言的一句话堵上了嘴巴,这可不叫交谈。因为主题是谈论激进的政治才会如此吗?不,假使换成其他主题,情况也不会有太大不同。年轻人与长辈大多都是无法沟通的。年轻人认为"时代已经改变了",长辈却认为"你们就是不经世事才会这样"。

---

1. 文在寅,第19届韩国总统,民主党人。
2. 沈相灯,韩国政治人物,正义党代表。

当然，区分"年轻人"与"长辈"的基准并非物理上的年纪。有的年轻人在物理上的年纪是二十岁，想法却比六十岁的老人家还要僵化封闭；也有物理上年纪高达六十岁，想法却比二十岁年轻人还要更加柔软开放的老人家。因此这与物理上的年纪多寡无关。重要的是，在任何情况之下，"年轻人"都无法与"长辈"沟通。就算两人试着沟通，结果也只会是下列两者之一：不是争吵，就是放弃。

试着想象一下，说出"我要做自己喜欢的事情！"的年轻人与说着"这样你会饿死！"的长辈之间的对话，结果已经非常明显。若两人的个性都较为冲动火暴，这段对话马上就会变成情绪上的"争吵"，吵累了，就会"放弃"沟通。争吵与放弃，这就是年轻人与长辈沟通的全貌。倘若沟通的过程不是用真心来倾听彼此的心声，那么两者可说是从未进行过真正的沟通。

有办法和谈不来的人沟通吗

年轻人与长辈之间无法沟通的原因，常被归咎于"世代差异"。然而，这只不过是将原因和结果调换而已。什么是沟通？沟通是以真心聆听对方想说的话，并试着站在对方的立场去理解他。并不是世代差异造成无法沟通的情况，是因为无法沟通，才会无法消除两个世代间的差距。世代差异并非是阻止沟通的原因，而是沟通不良导致的结果。

只有代沟问题是如此吗？其实通过真正的沟通，没有解决不了的立场差距。像"年轻人—长辈"这种立场差距极大的双方会无法沟通，是因为彼此讲不通的关系。没错，拥有不同立场的两者无法沟通，就是因为"讲不通"。现在我们算是遇到了奇妙的反复记号："因为无法沟通，才会讲不通。"

现在各有一个希望和绝望——"若可以开始沟通，就能和拥有任何立场差异的对方对话"的希望，以及"若无法开始沟通，将会与对方永远成为并行线，并只能争吵或放弃交谈"的绝望。然而，比起希望，现实更趋近于绝望。因为从一开始就和对方讲不通，所以无法了解他，也无法与他沟通。但我们不能就此放弃。人类终究是只能成群结队、与他人一起生活的存在。就如年轻人必须与长辈一起生活，不管彼此的立场有多么不同，我们都必须与他人一起生活。所以必须誓死找到沟通的方法——"与讲不通的人"对话沟通的方法。

前往乡下的天才哲学家——维特根斯坦

"要如何与讲不通的人沟通？"这里请到首屈一指的天才哲学家路德维希·维特根斯坦（Ludwig Wittgenstein）来回答这个问题。维特根斯坦不愧是天才哲学家，年纪轻轻就说出"我要终结哲学"的言论，然后搬离英国剑桥，前往奥地利的乡村居住。他就是在这个乡村里苦思着与我们现在相同的烦恼："要如何和讲不通的人沟通？"

维特根斯坦住在奥地利的乡村，担任小学教师大约有六年之久。根据几项有关他的记载，发现他曾在这里为了孩子的教育问题，与地方居民展开激烈的争吵。这里必须先稍微提一下维特根斯坦的背景。他有个号称德国钢铁之王的父亲，因此得以在富裕环境下接受良好的教育成长。现在好像能明白他为何和地方居民产生摩擦。

在富裕的环境之中接受良好教育长大的维特根斯坦，若和穷苦无知的村民们不发生摩擦，这才奇怪，他们应该彼此难以沟通。我从某处听过一个故事，一位法官和检察官生下了孩子，孩子长大后成为一名医生，并前往偏乡进行义诊。他在那里发现一个很会读书的孩子，出于疼惜之心，他对孩子的父母说："让这孩子种田实在太可惜。"孩子的父母回答："不是只要在小时候学习就够了吗？"一听到这句话，医生马上发火说："你们这些人还真是讲不通。"维特根斯坦或许也是因相似的问题与地方居民吵架吧。

维特根斯坦的"语言游戏"

他和我们遇到了一模一样的问题：和讲不通的人无法沟通。天才哲学家维特根斯坦是如何解决这个问题的呢？他开始写起著作《哲学研究》（*Philosophical Investigations*），里面提到："语言与它背后所牵涉的活动就称为'语言游戏'。"维特根斯坦想借由"语言游戏"（language game）这个概念，解决"无法沟通"的问题。在了解"语言游戏"之前，先来看看究竟维特根斯坦所指的"语言"是什么。

维特根斯坦指的"语言"并非英语、韩语、德语等特定语言。即便是相同的韩语,也包含了在各种不同生活脉络之中,用来表示不同意义的"语言"。例如,在剑桥大学中有他们使用的"语言",在奥地利乡村里也存在着"语言"。相同道理,虽然我们使用相同的母语,但之中分别存在着法院的语言、传统市场的语言、幼儿园的语言、黑道的语言等。以此为例,依据不同的生活脉络,存在着彼此不同或相似的各种"语言"。甚至是在同样的语言中,也会随着生活脉络而出现不同的用法。

让我们以"干"为例,若突然被人莫名其妙打了一下,这声"干"代表的是"干吗打我"。听到好朋友去世的消息时,这声"干"代表的是"好难过"。无法帮助弱者,只能无力地转身,这时的"干"则是"我真是个没用的家伙"。看到一台华丽的跑车,脱口而出的"干",代表"这太帅了吧"。维特根斯坦的"语言游戏"概念,包含的不仅是这种特定语言(英语、德语、韩语等),还包括了在各种生活脉络中,被以不同方式使用的语言。

现在能理解为何维特根斯坦会使用"语言游戏"这个用语。下象棋时,即使没有"炮"也没关系,只要下棋的人说好以铜板来当"炮"使用,便不会对游戏造成任何障碍,但若其中一人说"干吗把铜板放在棋盘上呀",就无法下象棋了。"无法沟通"说的正是这种情况。当不是以彼此约定的语言,而是以在各自生活脉络中形成的"语言"强求对方时,就会无法进行沟通。就如同若无法将"干谯奶奶"(韩国某间连锁餐厅的店名,因创始店老板奶奶很爱骂人而得其名）的恶言相向视为是亲密语言的人，就无法忍受在那间店用餐一样。

说服并非沟通，而是强求

维特根斯坦在与奥地利村民争吵的同时，醒悟到这个事实：即使彼此使用的是相同的母语，但在自己成长过程的生活脉络中使用的"语言"，与乡下村民生活脉络中使用的"语言"不同，因此无法沟通。天才哲学家不可能如此轻描淡写地带过这个体悟：

> 六一一・在彼此不可能化解的两个原理实际相遇的地点，各自都将他者称为笨蛋和异端。
>
> 六二二・我说我会与那些他者"争吵"。然而我究竟为何无法提供根据给他们呢？我当然会给，但这又能怎么样？在根据的尽头（最终）就是说服。想一想传教士要原住民们改信宗教时发生了什么事吧。
>
> ——《论确定性》（*On Certainty*）

维特根斯坦将来到奥地利乡村的自己比喻为"要让原住民改信宗教的传教士"，把村民们喻为"原住民"。他认为自己和传教士全都没有将对方视为"沟通"对象，而是"说服"的对象，然而说服并不是沟通，而是强求。强求的最终结果就是争吵，这不是理所当然的吗？正因心里认为我对你错，才需要说服。若无法成功说服，就进行强求，但若强求不来，就会发生争吵。而"放弃"就是在"争吵"的力量不相上下时所出现的情绪性结论。

"语言游戏"带来的洞察非常明确，就算使用相同的母语，只要彼此拥有的人生脉络不同，"语言"就会跟着不同。所以维特根斯坦才会不断地强调："一个单词的意义在于它在语言上的用处。"特定的单词会随着它在生活脉络中被如何使用而决定它的意义。每个不同的人都拥有各自不同的生活脉络，因此存在众多不同的语言规则。这就是维特根斯坦的"语言游戏"想传递给我们的信息。

如何与讲不通的人沟通

现在再次回到现实，到底该如何与完全讲不通的人沟通呢？维特根斯坦的答案是："当我遵从规则时，就不会做出选择。我会盲目地遵从规则。"若每个语言都有自己固有的规则，这代表在与某人对话时，就会遵循那个人固有的规则。对方在听我说话听到一半时突然冒出"干"，我会发火到无法继续沟通下去，但那句"干"的意思很可能是："哇！我怎么到现在都没想过呢！"在对方生活脉络中形成的语言规则，很有可能就是如此。

因此若想与某人进行沟通时，就必须以几近盲从的程度，遵循由对方生活脉络所形成的语言规则。若不这么做，而是一味地以自己的语言规则强求对方，沟通就无法进行。当然这里所谓的盲从，并不是要各位完全否定自己的本质，或将对方的话视为圣旨。要各位了解对方的语言规则，其实是要你们试着了解对方的生活脉络。然而人类是种自私又以自我为中心的生物，所以要想深入了解他人的生活脉络其实并不容易。

现在似乎能够理解为何天才哲学家会说要盲目地遵循规则。在与某人进行沟通时，必须先暂时将自我中心放下，只有当准备好要以"几近盲从的程度来遵从对方的语言规则"时才办得到。拥有这般语言规则的人一定存在，但不是要你为了与他们沟通，就得认同他们的这种想法，而是要细腻观察并了解他们的生活脉络。

也许要先有爱才能沟通

不管任何人都一样，若是想和对方沟通，就必须先了解他的生活脉络，进到他的语言规则当中才行。如果不这么做，而是以"这个你说得对，但那个你错了"的价值判断为优先，就不是想要沟通，而是想说服对方。说服不是沟通，是一种要求，也是强求。无法沟通的原因非常明确，因为根本不在乎对方的语言规则，换句话说，就是不在乎对方的生活脉络。

> 因为我们没有摩擦，所以在某个层面上来说，我们已经登上了理想中的条件滑溜的冰面，但同时这也造成了我们无法行走。我们想要行走，因此需要摩擦。让我们回到粗糙的地面上吧！
>
> ——《哲学研究》

现在能理解维特根斯坦说的话了。每个人都有自己理想的语言规则（冰面），可以让自己的生活正当化。然而却因为那个规则（冰面）而造成我们无法与他人沟通（无法行走）。因此必须回到挤满其他语言规则的他人的粗糙地面上，找到让我们得以行走的摩擦。从某个角度看来，或许令我们感到不适的沟通才叫真正的沟通。若沟通非常顺利，就像是在没有任何摩擦力的冰面上滑走一样。

沟通，若没有爱，说不定打从一开始就没有任何意义。没有爱的沟通也许就只是充满说服、争吵与放弃的暴力。我们无法与不爱的人进行沟通，因为不爱对方，所以对他们的生活脉络根本就没有兴趣，因此无法进入对方的语言规则中。所以若是沟通进行得不顺利，我们不该责怪对方，而是先反问自己："我爱那个人吗？"

哲学家指南：维特根斯坦

索绪尔和维特根斯坦这两位哲学家对语言的思考比任何人都还要深入。借由索绪尔可了解"结构主义"，借由维特根斯坦便可了解"后结构主义"。结构主义主张"人类无法摆脱既有结构"，而后结构主义则主张"人类虽然会受到既有结构的相当影响，但并非无法摆脱那个结构"。维特根斯坦的哲学具有后结构主义的一面。

为了简单解释何谓"结构主义"和"后结构主义"，这里有个问题："如何才能学会语言？"索绪尔竟然无法爽快地回答这个问题。对结构主义者索绪尔来说，单词的意义必须借由了解它的使用规则与其他单词才能决定。也就是说，单词的意义会依它被置入的结构而定。有趣的是，这句话似乎意味着人类无法学习语言，因为人类是在完全空白的状态下学习语言的。

以结构主义的角度来看，新生儿无法掌握"汽车"这个词的含义。若想要知道"汽车"的意思，就必须先了解它被置入的结构才行。举例来说，在以"道路""司机""红绿灯"等其他词汇形成的语言结构当中，便可得知"汽车"的含义。然而此处却产生了一点矛盾，词义是由结构所定，但结构是否只能依靠单词来理解？若不知道"道路""司机""红绿灯"这些词的含义，就无法得知它们与"汽车"有关的结构了。

必须要先弄懂单词或结构其中一者，才能懂其他的东西，但处于完全空白状态的幼儿两者全都不懂，以结构主义的角度来看，新生儿根本就不可能学习语言。我们找不到方法可以摆脱"因为不懂结构，所以无法理解词义；因为不懂词义，所以无法理解结构"的恶性循环。仔细想想，宛如一张白纸，没有任何语言学知识的新生儿，他们学习语言的过程真是个奇迹，只是这种奇迹已经变成一种日常。

孩子们就是如此自然地学习语言，等待时机成熟，他们就能听懂并开口说话。这种奇迹是如何日常般地发生的呢？站在维特根斯坦的后结构主义角度来说,即使是不懂单词,也能学习规则;即使不懂规则,也能学习单词,因为词义是通过使用语言进行反复的实践练习而学会的。不同于索绪尔的"语言"(Langue)总是有一套完成的规则系统,维特根斯坦认为局部且多样的规则,是在生活脉络的实践过程中所形成。

因此即使不懂整体规则,也能自然学习到在各自人生脉络中形成的语言规则,这点可由此得知:很多人虽然母语说得非常流利,却完全不懂母语的文法。我们无法和特定人士沟通也是出自相同的原因。语言并非通过整体规则,而是从各自生活脉络当中学习,因此即使说着相同的母语,和某些人还是无法沟通。因为说到底,所谓的语言就是从个人的实践行动当中寻找意义。

在生活脉络中,成天把钱挂在嘴上的人,和生活脉络中处于美术、音乐、文学环境的人,他们的语言规则当然不同,所以,他们若不盲目地遵循对方的语言规则,就会完全无法沟通。这超越了结构主义认为人类受到语言束缚的观点。我们选择什么样的生活脉络,进行什么样的实践,就会拥有不同的语言规则。我们并不是由语言决定生活,而是由生活决定语言!这就是维特根斯坦在《哲学研究》中想传达的对语言的观点。由此可以发现作为后结构主义者的维特根斯坦的存在。

18 如何克服低潮

——托马斯·库恩的"范例"

活力十足的人就不会有无力感？

"你别老待在家里,出去做点什么吧!"

这是我对成天待在家里的朋友说的话。他的问题不是找不到工作,也不是沉迷于游戏之中,而是老是无精打采。这是个严重的问题,因为这会一点一点地吞噬掉我们的精神和肉体。为什么会变得如此无力?不管是任何理由,只要对生活的热情和斗志消失,无力感就会找上门。即使生活过得不太顺利,但热情和斗志没有消失,至少就不会陷入这种状态。

我想要问一个问题:只要有强烈的热情和斗志,就能完全摆脱无力感吗?似乎又并非如此。我认识一位拳击手,他的热情和斗志比任何人都还要充沛,然而拳击是一项过时的运动,环境极其恶劣。在韩国"靠拳击过活",等同于"放弃最低限度的生计"。即使如此,他还是靠着热情和斗志克服了艰苦的训练、地狱般的减重,以及与他人打来打去的比赛。

遭遇低潮期的无力感

某天,这位拳击手朋友突然对我说:"哥,现在连运动都让我觉得无趣,感觉好无力。"这是无力感。无力感竟会找上比谁都还满怀热情和斗志的他。他接着说:"就算训练也没有进步,每天感觉都像在原地踏步。"纵使赚不到钱,纵使无法得到他人的理解,但只要感觉到"每天都逐渐在成为一位更好的拳击手",就不会有无力感。但若是每天训练,实力却好像一直在原地踏步,又是另一种情况了。就算是再怎么怀有满腔热情或斗志的人,都难以摆脱这种无力感。

充满热情和斗志的人遭遇到的无力感,我们称之为"低潮期",这是体育界常见的用语。一般是指在练习过程中,即使经过一段时间的练习,却仍看不出效果,运动员会因此开始失去斗志,成绩也跟着掉落。就算是怀抱着热情和斗志努力生活,也是会遇到成果没有进展的时候。在这样的过程中,热情和斗志会慢慢消灭,最后陷入低潮期之中。

要对陷入"无力感"的人说的话,其实就是那一句:"随便去做点什么都好!"只要随便去做点什么,就会开始再次慢慢地产生热情和斗志。然而陷入"低潮期"的情形却是大不相同。这些人不就已经靠着热情和斗志正在做些什么了吗?所以"低潮期"要比"无力感"更加难熬也不一定。就像是"已经努力读书了,成绩还是没有起色"要比"因为不努力读书,所以成绩没有起色"还要令人难受。陷入低潮中的人们,该如何克服呢?

托马斯·库恩的"范例"

我们请到美国科学哲学家托马斯·库恩（Thomas S. Kuhn）来回答。他透过"科学革命"与"范例"的概念，发现各时代都存在着特有认知结构的历史。面对"要如何克服低潮"，他或许会说："请检查一下你的范例！"什么是范例？虽然各位应该都听过"范例"这个词汇，很多人却都不懂它正确的概念。"范例"（paradigm）是从希腊语"paradeigma"演变而来，赋予这个词生命力的人就是托马斯·库恩。让我们看他如何诠释范例：

> 范例是方法的根源，是问题领域，也是被某特定时代的某成熟科学家社会所接受的解题样本。
>
> ——《科学革命的结构》
> (*The Structure of Scientific Revolutions*)

首先，库恩将范例称为"激荡出方法的根源"，这里的范例代表着"思维模式框架"。若"具体的某一个方法"叫作想法，那么想法得以实行的"思维模式框架"就是范例。例如，这个时代的标榜范例是"资本主义"，当我们想着"花""汽车""爱情"，想法大致都会随着某个特定的根源流动："把那朵花摘下来卖，可以赚多少钱？""这台车要多少钱？""都没钱了，还谈什么爱她呢？"这些想法就是在资本主义这个特定的"思维模式框架"内流动，这也就是方法的根源：范例。

库恩对范例下了如此注解："是被某特定时代的某成熟科学家社会所接受的解题样本。"这句话又展现出范例的另一种个性。让我们把重点放在"某特定时代",虽然范例分明就是"被某成熟科学家社会所接受的解题样本",但也是"某特定时代"的产物。为了更容易了解库恩的话,让我们搭乘时光机回到遥远的过去即"地心说"的时代吧!

每个时代的范例都有所不同

看着太阳早晨升起,傍晚落下,我们当然会说"因为地球绕着太阳旋转"。而"地心说"时代的科学家在听到这句话后,应该会哑嘴对我们说:"我看这小家伙的精神状态有问题!"这就是范例。虽然我们所处时代的范例是"日心说",但在遥远过去的某时代的范例可是"地心说"。虽然"被我们接受的解题样本(范例)"是"日心说",但"被某特定时代的某成熟科学家社会所接受的解题样本"则是"地心说"。

像这样,逃每个时代的范例都有所不同。根据托马斯·库恩所言,虽然范例是所有人无法逃脱的"思维模式框架",但并非一成不变的真理,因为每个时代的范例都不一样。因此,可以将它整理成两种特征:一、范例是让某个想法可行的"思维模式框架";二、每个时代的范例都有所不同。这就是托马斯·库恩的"范例"。库恩表示,科学本身会随着范例的转移而被重新定义:

很多时候，承认新范例必然会使相应的科学重新定义。旧的问题有时会被移转至其他科学领域，或被宣告完全"不科学"。过去不存在或看似微不足道的诸多问题，可能随着新范例的出现，成为一种有意义的科学成就原型。随着问题改变，从单纯的形而上学式推论、用语游戏、数学操作到区分真正科学答案的标准都会随之改变。

——《科学革命的结构》

倘若我们的精神状态有问题，那么过去咂嘴的科学家就是不科学的，因为承认新的范例必然会使科学重新定义。在"重新定义后的科学（日心说）"之前所出现的科学（地心说），就变得不科学了。现在拥有的范例是日心说，而非地心说，因此才会认为过去的科学家是不科学的，或应该被移转至其他科学领域。范例转移会改变"区分真正科学答案的标准"的原因也是出自这一点。

成长经历了什么样的过程

回到先前的话题：范例的概念会带给陷入低潮期的人什么帮助？先问一下："为何会陷入低潮？"当付出努力许久，成果却总在原地踏步时，就会陷入低潮。在我读高三时，每个月都会陷入一次低潮，因为每个月都会考一次模拟考，而成绩总是没有起色。身为优等生的姐姐跑来对我说："成绩并不会因为你认真复习就马上进步，而是必须在累积到一定的读书量时，才会一次攀升。"

没错，我会陷入低潮的原因并非成绩没有进步，而是在于我相信"成果与付出的努力会呈现线形成长"。因为相信只要努力读书，成绩就一定能马上进步，才会陷入低潮。但正如姐姐说的一样，读书这件事情并非如此，特别是像高考这种庞大又复杂的考试，会先经过特定时期之前与之后的断裂，再呈现阶段式的成长。

根据库恩所言，科学并非以连续并累积的方式发展，而是以不连续且断裂的过程进行。只有科学如此吗？我们的人生不也是这样？我们就像科学的变化一样，是以不连续且断裂的过程进行。读书、运动、工作等任何领域，都与我先前所相信的不同，它们不是以连续且累积的方式成长。一般都是以某特定时机为起点，开始出现不连续又断裂的阶段性成长。当然，在不连续与断裂（成果）临界值的这个过程中，仍需要不断累积努力才行。

想要克服低潮期，默默照着原本的方式努力就行

问题在于，连续累积的努力并没有显著成果，在抵达"不连续与断裂的临界值"之前，所持续累积的努力都令人难以掌握。就如同先前的范例必须等到后来的范例到来才能明白，当在特定领域持续累积发展和成长时，会难以察觉这项事实。但只要持续默默地读书、运动、工作，总有一刻能发现自己已经蜕变，与过去截然不同。就像我们不会发现自己正在长高，但某一刻起突然发现已经长高了一样。

这里有一个摆脱低潮的方法，就是接受这项事实：不管在哪个领域，发展和成长的过程都不是连续累积的，而是以不连续、断裂性的方式进行。当你发现成果的进展并不如付出的努力一样多时，与其成天无精打采，不如默默地将自己该做的事情做好，这样才能等待不连续和断裂的临界值时间到来。就像水即使没有沸腾，还是持续加热，持续朝着一百度的方向迈进。范例就是这样将我们从低潮中救出。

倘若默默努力还是没用

还有一个问题。我无法对陷入低潮的拳击手说："只要继续默默训练到不连续与断裂的时间来临为止！"因为我知道他训练的期间与分量。我在高三时，以"现在是低潮期"当借口四处玩乐，所以解决方法非常简单，只要默默读书，等待不连续与断裂的时间就行。然而这位拳击手却和我不同，他可是每天竭尽全力地运动，对这样的他说出"你必须更努力一点"毫无用处。面对这种已经付出全力却看不见任何成果的低潮，又该如何应对呢？

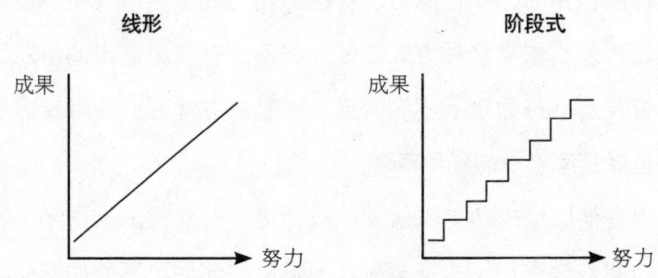

这个问题果真也必须从范例中寻找线索。库恩曾提出有关范例的"科学革命"。什么是"科学革命"？依据库恩所言，它是指一个范例取代另一个范例的时间，也因此产生了"范例转移"。哥白尼的"日心说"取代了托勒密的"太阳绕地球转动"、爱因斯坦的"相对论"取代了牛顿"时空是绝对不变"的说法，这些都是科学革命的代表事例。

透过科学革命，先前的范例会被废除，新的范例就会到来。库恩认为，科学革命使范例发生转移，而科学就是透过这些过程发展的。我们所要在意的是范例转移的意义。范例转移并不只是单纯的想法转变，而是更根本性的问题。范例是思维模式的框架，所以范例的转变意味着看待世界的世界观本身产生了变化。因此库恩才说："自哥白尼以来，天文学家一直活在另一个世界"。

我们需要改变"努力的方向"，而非"努力"

为何付出再多努力，毫无进步的断裂期也会找上拳击手呢？他还局限于先前的范例，他受到"拳击训练必须先从跳绳开始，再进行空击练习、沙包练习、对打练习"的范例所支配。但他来到不论再怎么依靠这种方式训练，都不会有任何进步的阶段，所以不管再怎么努力也看不到成果。该怎么办才好？这时就需要革命，也就是库恩说的科学革命。

现在他已经成功克服低潮，成为更上一层楼的拳击手。他做了什么呢？他进行了一场革命，一场从"瑜伽"开始的革命。某天我对他说:"呼吸对拳击来说非常重要,你可以去学学瑜伽。"他抱着抓住最后一根救命稻草的心情,开始学瑜伽。在学了一段时间后,他对我说:"我学了瑜伽,才领悟到之前的训练方式根本错了,我的呼吸糟透了。"

若努力的量足够,就必须检讨努力的方向。"努力"是意志上的问题,但"努力的方向"却不是,它是革命的问题,它无法借由"努力"改变,只能借由革命来改变——让我们得以舍弃先前的世界观,对全新世界观开窍的革命。若没有这种革命,惯性的努力方向绝不会有任何改变,只会照着先前的做法更加努力而已。我们所求的不连续、断裂性的发展并不是来自努力本身,而是努力方向的转移。

各位或许会误会"革命"是一件宏伟的事情,但其实小小的尝试、冒险和挑战都可以发挥"废除先前范例,建立全新范例"的科学革命作用。历史中伟大的革命应该也是起于细小琐碎的尝试、挑战或是冒险。这样构成的全新范例会引领我们的努力走上不同方向,也正是改变后的努力方向让我们得以进行不连续、断裂的发展。

难以转换范例的原因

为何很多人都无法做到这种革命呢?为何他们无法废除先前的范例,建立起全新范例呢?其实那位拳击手是非常例外的情况。假设我们对某位认真训练的拳击手提议:"要不要练练瑜伽?"

得到的回复应该是显而易见的："你就是不懂拳击，才会说出这种没用的建议。"范例是思维模式框架，也是我们的世界观，所以坚不可摧，更别说要给它造成一点龟裂，在一般的情况下根本就不会动摇，因此我们总是受困于当前的范例之中。对此，库恩是这么解释的：

> 从范例转移到范例是无法强制的改宗经验（conversion experi-ence）。……信奉旧传统的人们一生中所展开的……抵抗根源在于确信旧有范例会解决所有问题，也就是自然会适应范例提供的框架……革命时期，这只能被视为是顽固不化的确信。
>
> ——《科学革命的结构》

范例转移其实就和改宗一样。就像是从基督教徒转为佛教信徒的经验，这是非常罕见的情况，几乎可以断言"没有"这种事情发生。为什么？因为"信奉旧传统的人们"总是奋力又顽强地抵抗，他们确信旧有的范例能解决所有问题，因此，当然被视为顽固不化地只确信既有范例。

我们有办法"改宗"吗？

就算我们总是高喊着自己非常开放灵活，但不也属于"信奉旧传统的人们"之一吗？当工作、运动、事业等来到停滞期而陷入低潮时，听到这些话："去读一读小说！""放下一切，去外面走走吧！"像是无关痛痒，若没有发生近似改宗体验的心境转变，就不可能听得进这些建议。陷于低潮时，鲜少有人能够放下既有的世界观，以全新方式来接近它，通常都是想以自己熟悉的方式加倍努力来解决问题。

我们难以克服低潮，是因为范例的转移并非如此容易。因此若陷入低潮，就必须先检视自己的范例，看看是否为了得到情绪上的安慰与安定，而对已经过时却又熟悉的范例紧抓不放。若想要在特定领域得到成长与发展，甚至是想让人生变得更加成熟，就必须靠自己的革命，勇敢踏出转换自己的范例的那一步才行。

在此有一个重点，就是范例转移无法从外部开始。诚如库恩所言，从范例转移到范例是无法强制的改宗经验。不论是范例转移，或是引导它的（科学）革命，都必须从我们内部展开。范例转移的成功与否，取决于会引发强烈情绪不安的这个问题："是否能接受改宗经验？"若不具备足以接受改宗经验的强健心理，说不定低潮就永远都是无法解决的难题。

哲学家指南：库恩

托马斯·库恩借由"科学革命"与"范例"展现出科学的历史进程。库恩的这些讨论虽然局限于科学史当中，但他的洞察力却影响着科学外的日常生活。虽然"行动"会受到现实条件的限制，但人们普遍认为"思考"是无限自由的。

不过，库恩却问我们："你真的在自由思考吗？"令人惊讶的是，他指出我们的想法被困在"现在、这里"的牢笼之中。

想要理解库恩这令人困惑的说法，就必须先了解"常态科学"（normal science）的概念，简单来说，常态科学就是"教科书"。库恩主张，当科学所依据的既定范例没有被提出根本性质疑的情况下，就称为"常态科学"。回想一下就学时期读书的经验。在读书时一定会思考，也会提出问题，这些思考和问题的基础就是教科书。无论是什么情况，我们都不会对教科书本身提出疑问。

为了掌握库恩的核心主张，我们必须更往前一步来了解"常态科学—科学革命—范例"这三个概念间相互存在着什么样的关系，这十分重要。库恩是这么说的：

> 从科学革命中出现的常态科学传统，不仅与先进势不两立，也不可通约。
>
> ——《科学革命的结构》

简单来说，科学革命就是瓦解掉一个时代的常态科学，让新时代的常态科学诞生。那么，现在就有两种常态科学了：前常态科学与现常态科学。但库恩指出这两者无法共存（势不两立），同时两者也不具备任何共通点。常态科学可说是范例（不可通约），但那个范例会透过科学革命这个事件，迎来不连续与断裂性的变化。

  教科书是在科学革命爆发后才编写的。它们是有关常态科学新传统的根基。

——《科学革命的结构》

  现在终于明白库恩的意思。教科书就是常态科学或范例的象征，因为它是无法怀疑也不可质疑的思维模式框架。然而，通过科学革命，以前的教科书将被废除，并出现新的教科书，形成"前常态科学—科学革命—现常态科学"的关系。

  我们从库恩的"常态科学""范例"与"科学革命"等概念中得到的洞察非常清楚：连教科书都要怀疑！我们坚信的那些绝对不变的事实，只不过是当下的常态科学和范例。通过偶然相遇的科学革命，体悟到自己先前坚信的常态科学和范例是多么荒唐。

  我们根本就不自由，甚至连想法和意识都不自由，我们被囚禁于现在的范例当中。若想要获得真正的自由，就必须固执地怀疑现在的范例。唯有如此，才能见到"科学革命"稍稍崭露的一点头角。

 **19 明明很自由,为何还会烦闷**

——福柯的"生命权力"

明明很自由,却感到烦闷

"公司最近怎么那么闷?"

"哪里闷了?又不是在当兵。这里固定领月薪,周休两天,还能请年假呢。"

这是我还在上班时与同事的对话。同事说得没错,与军中相比,公司可说是超级自由的空间:可以每天下班回家,周休两天,能请年假,和整天关在教室里读书的学生时期,或必须关在军中好几个月的当兵时期相比,可说是自由得不得了。但还是令人感到莫名烦闷,而且不是只有我一个人有如此感受。

某位大学生跟我说,最让他喘不过气的空间就是他家。但一般说到最自由舒适的空间,不就是自己家吗?那里竟然会让他感到不适?我讶异地反问他:"你的父母很严厉吗?"他回答不是。他在家想躺就躺,想看电视就看,能做任何想做的事情,即便如此,还是觉得家里让他闷到不想回去。

不论是在公司或家中,明明非常自由,没有任何令人烦闷的理由,却又总是会令人感到喘不过气,这股奇妙的不悦感执拗地折磨着我们。烦闷感一般来自根本上的不自由,因此当我们觉得某个空间或关系令自己喘不过气,只要出发去寻找自由即可,如此一来就能摆脱那股仿佛掐着心脏般的烦闷。

问题是,当已经身处一个自由的地方却仍感烦闷,当明明已经得到充分自由,没有令人喘不过气的理由,内心深处却仍涌现一股烦闷,此时会让我们陷入所谓的"崩溃"状态。这怎么叫人不崩溃呢?都已经闷到喘不过气,想要去寻找自由,但当下已经身处于自由空间。公司、家里虽然让人感到烦闷,同时却是个自由之地,因此我们不需要离开那个地方,也无法离开。我们该如何处理这种明明很自由却感到烦闷的奇怪不悦感呢?

追踪"规训与惩罚"的福柯

这个问题由哲学家米歇尔·福柯(Michel Foucault)来解答。他在《疯癫与文明》(*Madness and Civilization*)、《性史》(*The History of Sexuality*)、《规训与惩罚》(*Discipline and Punish: The Birth of the Prison*)等书中展现对权力见解独到的哲学思维。他在这些书中详细阐述了权力是如何驯服人类的。福柯应该会说,我们偶尔感到自由却烦闷的这股不悦感,是因生命权力(bio-power)而起。为了理解"生命权力"这个难懂的概念,我们来慢慢跟上福柯思维的脚步吧!先来了解他的著作《规训与惩罚》。

《规训与惩罚》中阐述的议题很简单，主要是在回答："监禁比死刑更人性化？"福柯在回答的过程中，提及了权力使人类肉体与精神顺从的方法。准确来说，它揭露的是权力如何让人类肉体与精神顺从的演变。福柯通过这本书，缜密地追踪"规训"与"惩罚"究竟经历了哪些历史变化。根据《规训与惩罚》所述，最早的"惩罚"是令人不忍目睹的公开处决。这种形式的惩罚是基于封建社会的王权。他们借由公开处决，引起人们心中的强烈恐慌，试图阻止犯罪或颠覆体制的企图（政变、谋反），这种惩罚带有"报复"性质，也就是说，"如果做了我说不准做的事情，就必须付出代价"。而福柯注意到从某一刻开始，这种惩罚转变为其他形式的惩罚。

十八世纪之后，"报复"转变为"驯服"。他们发现犯罪者也是人，这项发现改变了人们的认知，也就是"必须通过人类行刑制度（对犯罪者进行矫正、教化，以及为了重返社会而进行教育的制度）和驯化，使其成为一个全新的人"。根据福柯所言，在这样的过程中，监狱从单纯的"处罚权力"转变为依照纪律的执法主体，成为训练、矫正、教化的"驯化权力"，现在我们所知的监狱概念，就是源自于此。

名为"圆形监狱"的牢笼

乍看之下，从"报复"（处决）演变至"驯化"（监禁）似乎是一种社会进步。首先，并不会因为对方是犯人，就无情地杀害或严刑拷打，不仅如此，驯化、矫正、教化犯人，是多么有人性呀。然而福柯却动摇了我们深信的"监禁比处决更有人性化"的说法生，他在此提到由杰里米·边沁（Jeremy Bentham）发明的监狱设计——圆形监狱（panopticon）：

  四周环绕着一圈环形建筑，中央有一座高塔。塔上朝向环形建筑的那一侧开了几面窗户。……位于中央的塔内部署着一位监视员，而每间囚室内都各别关了可能是疯子、病人、囚犯、劳工或学生的任何一人。

——《规训与惩罚》

表示圆形监狱的"panopticon"以字义来说，就是"全部"（pan）和"看（opticon）"的意思，也就是"一网监控系统"。传统的监狱是把囚犯集合起来，关在同一个地方，看守则是分开，而圆形监狱则是只需要一位（看守）就能监控全部（囚犯）的形态，这种监狱的结构是派一位看守驻守在中央塔内，环绕高塔的每间囚室里单独关着不同的犯人。圆形监狱是一种看守可以看得见每一个囚犯，但囚犯却看不见看守的监狱。福柯对此做出下列诠释：

  圆形监狱是个将"看—被看"结合分离的装置。也就是说，在环绕于四周的环形建筑中，什么都看不到，却又什么都看得到。而从中央的高塔内部，虽然什么都看得到，却又什么都看不到。

——《规训与惩罚》

圆形监狱只是"分离了看与被看的结合",并未进行任何拷打或处决,看似相当人性化。这不是一个造成肉体直接痛苦的空间,而是一个驯化、矫正和教化的空间。然而,这种讲求驯化和矫正的圆形监狱果真如同我们相信的,比拷打和处决犯人的空间更加人性化吗?对此,福柯谈到"监控"这个主题。圆形监狱的核心是"监控",而这里的监控,指的不仅是一般单纯注视的监视,而是可以进行严密的身体控制,持续束缚身体,并有效让对方顺从的方法。这就是所谓的为了维护纪律和领导的"监控"。根据福柯所言,这种为了维护纪律和领导的"监控",是发展自以驯化、矫正、教化为目标的代表空间——监狱。比任何人都聪明的福柯,并未在此停止他的讨论。

整个社会就是一个监狱

福柯指出,圆形监狱就存在于社会的各个角落,在他这番洞察一闪而现的同时,也令人感到有点毛骨悚然。这表示,不仅是被关在牢中的囚犯,甚至是过着平凡生活的我们,也为了维护纪律和领导的"监控"而被驯化。看福柯是怎么说的:

> 所谓圆形监狱就是从各种欲望中产生出权力同质效果,令人惊奇的机械装置。现实上的隶属化就是从虚构的关系中机械性地产生。因此不须以暴力手段向囚犯要求行善、向疯子要求稳定、向劳工要求劳动、向学生要求热忱、向病人严守处方。
>
> ——《规训与惩罚》

从很久以前开始就一直有"现实上的隶属化",就是想要拘束奴隶的一股权力。过去只能以拷问、鞭打、杀害等"暴力手段"来达成隶属化(束缚)。站在权力的角度来看,因鞭打造成血花四溅,其实非常麻烦又没效率。最后权力终于发现了简单又干净的机械装置,就是名为圆形监狱的这个"从各种欲望中产生出与权力同质效果,令人惊奇的机械装置"。

从圆形监狱中发现的这种借由监控来驯化的技术,现在被扩大至学校、部队、工厂当中。名为圆形监狱的控制与驯化原型模式也渗透到社会各个角落。在这个过程中,不须仰赖麻烦又没效率的"暴力手段"就可达成奴隶化(隶属化)。在这样的背景之下,福柯提出了"整个社会就是一个监狱"这种闪现又令人不寒而栗的主张。借此,福柯表示,历经长时间束缚与监控的惩罚后所抱持的恐惧,要比残酷却迅速走向死亡的公开处决还要大。

福柯的生命权力

现在回到先前的话题,明明很自由,却又感到烦闷的原因,这都是出自"生命权力"。追寻《规训与惩罚》历史而来的我们,已经做好准备要理解"生命权力"这个难懂的概念。

"生命权力"就是"有关生命体(生命)的权力",根据福柯所言,生命权力分别以"肉体纪律"与"控制人口"两种形态存在。首先,福柯对于"肉体纪律"的生命权力是这么说的:

> 肉体的训练、肉体适应性的最大化、肉体力量的剥削、肉体有用性与顺应性同步增强，以及将肉体整合至有效和经济的控制体系中。这一切都是以"纪律"为特征的权力程序，也受到了"人体解剖——政治"所保障。
>
> ——《性史》第一卷

自圆形监狱之后，便开始借由监狱、学校、军队、职场等日常监控，来驯化我们的肉体。通过训练肉体、压榨肉体的力量、让肉体变得有用等过程，让人学会了顺从（服从）。我们就如此被驯化成顺从（服从）监狱、学校、军队、职场的肉体。

像这般透过"肉体纪律"来直接影响身体、刻印在身体上的权力就叫"生命权力"，它其实并不难懂。电影《肖申克的救赎》（The Shawshank Redemption）中有一位被关了一辈子，后来出狱回到社会的黑人老人。虽然他回到了自由的社会，却早已被驯化为没有得到看守许可就无法小便的肉体。"这四十年以来我都必须先得到许可才能撒尿，所以现在若没有许可，我连一滴也尿不出来。"黑人在厕所独白的场景，展现出何谓"生命权力"。然而在家中、学校、军中、职场上不也如此吗？只是程度和种类有所不同，我们的肉体与内在早已被驯化成这种状态。

福柯使用"生命权力"来表示特定权力在微观上支配着我们身体的每一处。他指出"生命权力"不仅支配个人的肉体，甚至还通过控制出生率、死亡率、健康水平、寿命管理等来"控制人口"。

福柯认为生命权力就是借此来支配一个人的肉体，甚至整个社会本身。总归一句，生命权力，就是特定的权力介入和操控我们（人类）身体的权力。

"生命权力"的可怕

生命权力要比过往的权力更加可怕。人们以刀来象征过往的权力，也就是"置死而后生"的权力。令人讶异的是，生命权力却是恰恰相反，它是一种"置生而后死"的权力。福柯对此是这么说的：

> 我认为在十九世纪政治权力中发生的最大转变之一，就是主权这项古老的权力——也就是将人民处死或留一条生路的权力——即使尚未被其他新权力取代，至少也得到了弥补。……就是变成先留下一条生路，再让他等死的权力。也就是说，所谓主权的权力就是将人民处死或留他一条生路的权力。而在这之后的新权力则让人先留活路再等死的权力得以落实。
>
> ——《必须保卫社会》（Society Must Be Defended）

这多么可怕又执拗呀。我们虽然可以抵抗"置死而后生"的权力（拷打、处决），但在面对"置生而后死"的权力（监控、管教）时，根本毫无抵抗之力。这种通过监控慢慢将人驯化的生命权力更叫人难以抵抗。考试成绩不好时，虽然可以反抗那个不分青红皂白就揍人的老师,但却难以抵挡在静静地凝视学生后,丢下一句"我对你很失望"的老师。

强迫我们学习的老师(父母)并不像那种会打骂的老师(父母),他们通过安静的监控来驯化和矫正我们,他们的管教和矫正就如此烙印在我们身上,让我们学会"自己看着办"。这就是生命权力的可怕之处,也正因如此才无法抵抗。现在是否终于明白,为何在公司和家里明明很自由,却还是令人喘不过气。

名为"公司"与"家"的圆形监狱

我先前任职的公司正好就是彰显"生命权力"的典型圆形监狱。公司职员坐在最前排,主管坐在后方,而主管后面还坐着课长、次长,最后则是部长的位子。核心重点就在于"看—被看"的关系。职员只能被看,反之,部长则是只负责看,却不被看到。若这种圆形监狱式的装置已经完成,那么不管再怎么自由,都会令人难以喘息。在被驯化矫正的同时,慢慢地失去自我,怎么会不叫人烦闷呢?要是公司直接使用暴力来"惩罚",而非使用这种巧妙的"监控"驯服,那么我在公司上班的七年,或许就不会如此痛苦了吧。

在家里感到喘不过气的大学生也是遇到相同困扰,他虽然想要成为一位歌手,父母却希望自己的儿子能成为一位公务员。然而,学识丰富的父母却没有因此"惩罚"(威胁逼迫)他,而是悄悄地窥视着他的房间,"监控"他究竟是在准备考公务员,还是在听音乐。儿子无法做出任何抵抗,因为父母并未公然反对他"要当歌手"的想法,只是说了"要当歌手也行,不过既然都已经开始准备公职考试了,就奋力一搏吧"。如此慈爱又亲切的规劝,其实就是驯化的另一个名字。这种驯化会让人连反抗的力气都没有,因此虽然家里没有人说"不行",却还是令人难以喘息。

"先置生而后死"的生命权力

生命权力就烙印在我们身上,我们被父母、学校、公司、国家这些权力驯养,甚至还会相信这些权力所盼的就是我们自己想要的东西。"这不是父母要我做的,是我自己的意愿""这些工作是我喜欢才做的""为国家牺牲就是我的期盼",这些自动服从就是如此诞生的。若没有生命权力,就不会有这些自动服从。福柯看穿了这一点:"透过生命权力来操控心绪,是比惩处肉体更加有效的社会控制手段。"

同样,若说以前老板(父母、老师)是先威胁逼迫(先置死地),再以漠不关心(而后生)的方式管教,那现在他们就是先以规劝(先置生地),再让人失望(而后死)的方式驯化我们。我们的身体就是被这种巧妙的生命权力机制给支配,最后就会自动服从。在家中、学校、公司,甚至是社会,这些空间都启用了这种生命权力。

生命权力与自动服从

虽然自由,却又令人难以喘息,现在终于知道这奇怪感觉的真面目为何。这样的感觉是因生命权力造成的"自动服从"而起。自动服从的重点就在于"服从"。这种自发性的自由,是身体在生命权力支配下所激发的虚构感觉。因为公司不但能周休二日,还能使用年假,在家里没有人禁止任何事情,才能感到如此自由自在。然而,不管是在公司或是家里,我们都已在受到充分监控和控制的环境中被驯服,所以才会为此困扰:虽然自由,却有令人难以喘息的奇怪不悦感。

福柯非常重要,他让我们看到权力支配不仅体现在个体的肉体上,还会执拗地体现在内心。福柯明确揭露出权力的问题不仅会扩大"支配者—被支配者"的关系,还会扩大眼中看不见的"检阅的自我—被检阅的自我"的关系。若没有福柯,我们或许就无法认知到自己正在受到权力的支配,或许会被迫服从,却误以为都是自愿的。

哲学家指导:福柯

在得知生命权力的概念后,就难以抹去那股灰暗和绝望的感觉,因为这代表的不仅是我们的身体,甚至连内心都早已受到支配,而且看似没有任何能从生命权力中脱身的退路。然而,在一片灰暗和绝望之中,还是存在着一丝希望的,就是福柯的"知识"（episteme）概念。来了解一下何谓"知识"，简单来说，就是"认知框架"。当我们认知到某样东西时，并非只是单纯地认知，而是在某个"认知框架"中掌握并思考那样东西。这个"认知框架"就好比是赋予事物秩序的潜意识基础，创造出我们学识的庞大"认知框架"就是"知识"。

请各位想想花朵、咖啡、旅行、恋爱这些事物。当我们在认知这些事物和事件时，脑海中大多都会浮现出"钱"。我们会在不知不觉间，无意识地出现这些想法："那束花要多少钱？""如果不喝咖啡，就能存更多钱了。""要先努力赚钱才能去旅行。""要谈恋爱也得先要有钱才行吧？"……为什么我们会如此认知呢？因为我们的"知识"是资本主义，想要脱离原有的知识来认知事物极为不易。

古希腊的柏拉图把"知识"与"意见"（doxa，受限于时间与空间的意见或猜测）作为成套的概念使用，并用来表示"超越时间与空间的不变真理"。然而福柯指的知识和柏拉图的并不相同。在资本主义中出生成长的我们，都只能在潜意识中，在资本主义的"认知框架"中认知，然而资本主义的认知框架却并非像柏拉图说的，是"超越时间与空间的不变真理"。只是因为我们在资本主义的体制中成长，所以才会拥有那样的知识。若是在其他时间和空间中出生长大，必定会拥有其他不同的知识。因此可以这么定义福柯的"知识"：依据特定的时间与空间被赋予的认知框架。理解福柯所谓的知识非常重要，因为这是"生命权力"这个概念的绝望前景。

根据福柯的论点，权力长期下来通过家庭、学校、大众媒体、监狱、医院等媒介，持续地管教人类这个生命体，因此我们才会看似无法摆脱自动服从的命运。因为生命权力不只是支配了我们的身体，甚至还支配着我们的心灵。我们的内在早已受到父母、老板、国家、资本主义的驯化，才会找不到摆脱自动服从的方法。我们会自己看着办，会自动读书、工作、赚钱，甚至还会相信这一切都是自己所期盼的。简单来说，我们成了"自己看着办"的机器。

但在知识这个概念中，可以找到一丝希望。现在支配着我们的知识，并非超越时空、一成不变的真理，它只是"依据特定的时间与空间被赋予的认知框架"。也就是说，支配着我们的知识，只是由"现在—这里"所产生的知识，只要了解它，就可以暂时逃离"现在—这里"来眺望我们的生活。如此一来，便能保持一点距离来审视这个问题："检阅的自我—被检阅的自我"。而我们也能在此过程中找到线索，来摆脱生命权力的严重症状：自动服从。

福柯思维所留下的前景显然有些黯淡和悲观，但在那之中，却又存在一丝希望。他曾这么说哲学："哲学能将意图

> 控制我们的权力结构暴露出来,并且能够成为平衡个人权力手段的全新价值。"光是知道"生命权力"和"知识"并不会改变我们的人生,却能借由它们来揭发那些企图控制我们的权力结构,我们才能借此找出得以改变人生的线索。我相信这就是福柯在绝望之中留下的一线希望。

 **20** 你想要重置人生吗

——德勒兹的"配置"

人生可以"重置"吗

奎锡正在为了取得就业所需的成绩而努力研读英文。到了考试当天,或许是因为状况不佳,在听力考试刚开始的时候漏听了两题,其实只要从第三题开始专心听,或许就能考出比上次更好的成绩,但奎锡却做不到,他大大地叹了一口气,便将考卷翻面趴了下来。

美善喜欢白色的鞋子,她无法忍受白鞋上出现一丁点的污渍。即使鞋子上只有一点点不细看根本看不出的污垢,就算穿了也不会有人发现,美善却无法忍受。所以她在结束辛苦的工作之后,仍会拖着疲惫的身体,一周非得洗上好几次鞋子才行。

奎锡和美善看似没有任何共同点,但两人的心理状态却如此雷同——从两人都想重新开始某部分生活的层面上来看。为何奎锡会如此干脆地放弃考试?因为他认为漏听一开始的两题,这次的考试就已经全毁了,所以选择放弃考试,下次再更专心一点就行。

美善也是如此,她为何每次都要清洗鞋子呢?只要旁边的人稍微一踩到她的鞋,她就觉得鞋子已经毁了,所以才想要把鞋子清洗干净,使其回到最初的状态。

这不仅是奎锡和美善两人的故事,我们也是如此。试想一下,当我们遭遇到重大事故,身体无法回到过去的状态,或是被某人伤得很重,心理无法回到过去时的情况,那时我们或许会想要将整个人生从头来过,而不是像奎锡和美善一样,只是想要重置部分人生。当生活并未如预期般顺利,或感到人生早已变得一团乱的时候,我们会希望能够干脆再来一次,想要成为另一个不同的存在,重新开创自己想要的人生。

不重置人生,也能成为另一个不同的人吗

世人大多认为这样的想法非常愚蠢,还会添上一句:"人生不可能倒转重来,所以就算现在的人生一团乱,也无法重新回头来过。"这句话对极了,但即使如此,也发挥不了任何安慰作用。想要"重置"人生的人们,并非不知"人生不可能倒转重来"的事实。奎锡和美善都不可能让人生倒转。奎锡很清楚自己应该要从第三题开始专注应试才对,而美善也知道就算鞋子脏了还是可以穿。虽然他们都很清楚,却无可奈何。

正因为人生无法倒转重来,所以才会想至少能"重置"已经毁掉的东西。奎锡和美善并未放弃考试和鞋子,而是和我们一样,都在不断地拼命挣扎以求生存。想要"重置"人生,并不是绝望

地"想要放弃",而比较趋近于希望"重新开始"。我们不能轻易地批判和责怪他们,因为人人都怀抱着"想要告别至今的悲惨人生,成为另一个全新存在"的冀望。

当然,奎锡和美善对人生的态度并不健康,他们抱持的希望可说是"绝望的希望"。想要成为"另一种存在"的期盼,明明就是一种"希望",但当我们以"重置"这种退化的方式来接近那个希望时,反而会遇到"绝望"。因为退化的方式最终迎来的结局并非希望,而是绝望。无论如何,人生是一旦进入就无法再回头的"单行道"。那么想要成为与现在不同存在的我们,就该提出以下问题:"若不使用"重置"人生这种退化的方式,还有其他办法可以让我们成为不同的存在吗?"

"生成"的哲学家——德勒兹

这个问题就交给哲学家吉尔·德勒兹 (Gilles Deleuze)。他著有《差异与重复》(*Difference and Repetition*)、《资本主义与精神分裂(卷1):反俄狄浦斯》(*Anti-Oedipus : Capitalism and Schizophrenia*)、《资本主义与精神分裂(卷2):千高原》(*A Thousand Plateaus : Capitalism and Schizophrenia*) 等书,是现代最具有影响力的哲学家之一,我们可从米歇尔·福柯说过的"二十一世纪将会是德勒兹的世纪"得知其影响力。若我们问德勒兹:"若不使用"重置"这种退化的方式,还有其他办法可以让我们成为不同的存在吗?"他应该会回答"当然有",并说:"我们可以透过配置(agencement)来成为另一个存在。"

德勒兹的回答令人费解，所以先来了解他"生成"的概念。德勒兹想要借由"生成"来限定这世上的存在(哲学中称之为"存在论")。我们不能将此"生成"只是单纯理解为"形成"，因为"形成"具有两种形态：因"创造"而"形成"、以及因"生成"而"形成"。简单来说，"创造"代表的是"从无到有的形成"。

德勒兹指的"生成"与"创造"不同。据他所言，世间所有万物的形成并非从无到有，而是从有到有。德勒兹曾对此表示："我们绝不可能(从无)开始。我们所拥有的并非一张白纸。我们是从中间钻入。"这段话乍听之下有点难懂，但只要知道德勒兹"生成"的概念，就能轻易理解。他认为所有万物并非一张白纸，所以不会从无开始。所有万物都是钻入"有"和"有"当中而"生成"，对他而言，一切存在都是"生成"的。

两种"有"

若不相信创造世界万物的宗教之"神"，那对德勒兹"生成"的概念应该不陌生。如同书是来自纸，而纸又是来自树木，甚至还可举出这样的例子："我"来自父母，而父母又是来自祖父母。到头来，一切的存在只能来自"有"，而并非"无"，这也导出"有"存在两种"有"的结论。若"有"是来自"有"，就一定分为"存在的有"与"使之存在的有"。

虽然书是出自纸，但两者却不同；而"我"虽然出自父母，但也跟他们不同。也就是说"有"分为"存在的有（书、我）"与"使之存在的有（纸、父母）"两种。这里有一个问题："存在的有"是如何成为"那个有"呢？纸不一定要成为书，父母不一定要生下"我"，纸可能会成为笔记本，也可能会成为纸钞，父母可能会生下哥哥姐姐或是弟弟妹妹呀！那么"存在的有"是如何"生成"出"那个有"呢？

德勒兹的"配置"

现在来了解德勒兹"配置"(agencement)的概念。"agencement"是英文"arrangement"（配置）的法语。虽然有（小孩）是生于"有"（父母），但有（小孩）正是由于"配置"才会成为"特定的有"（我）。也就是说，那个独自又唯一的"有"，是依据已经存在的"特定的有"（使之存在的"有"）的"配置"才得以生成。看德勒兹是怎么说的：

> 什么是配置？是由各种异质的项目所构成。它是横贯年纪差异、性别差异、身份差异等出现差异的本质，并在它们之间建立起联结或关系的多重体。因此，配置是一个共同运作的单位，既是共生，也是共鸣。
> ——《对话》(*Dialogues*)

书是如何变成书呢？它是由已经存在的"纸—作者—编辑—

出版社"这些性质不同的项目所组成排列才得以实现。"我"也是如此,是横贯"三十多岁的男人—二十多岁的女人—微苦的啤酒—甜美的音乐—饭店"这些年纪、性别、身份等本质的差异,并在它们之间建立起联结或关系才得以实现。虽然"有"是来自于"有",但生成的"有"之所以会是它,都是受到配置的缘故。假若这些异质项目出现任何差异,就会成为完全不同的"有"。

> 让我们想想"人类—动物—制成的工具"的配置,也就是"人类—马—马镫"。这说明技工为了提高侧向的稳定而将马镫提供给骑士,因而让全新的组织——骑兵得以实现。……在这种情况下,人类与动物进入全新关系,前者和后者都出现了变化。
>
> ——《对话》

"配置"让一切重生

这里举"马镫"为例,来说明德勒兹的配置。马镫是挂在马鞍两旁,供骑马的人上下马时踏脚的金属器具。历史学家表示,马镫的发明改变了当时战争的局面与版图。在马镫出现以前,一般战斗主要都是由步兵对战,然而在马镫发明以后,步兵得以轻松地上马,并在马上保持平衡,还能任意地使用双手及武器。这时,具有机动性的骑兵就此诞生。准确来说,是把步兵都换成了骑兵。

步兵与骑兵完全不同。走路战斗与骑马战斗的人不仅手臂、腿部、腰部的肌肉不同，连平衡感也不一样。观望的视野不同，甚至连思考和判断也会有异。因为"有"（骑兵）"生成"于"有"（步兵），而它们的"配置"不同。借由将"人类（步兵）—动物（马）—制成的工具（马镫）"这种看似毫无关联的异质项目配置排列，才让骑兵自步兵"生成"。只有人类如此吗？马只有在作为运输手段时才会如此温驯，但温驯的马会通过"人类（步兵）—动物（马）—制成的工具（马镫）"的配置，"生成"为有如狮子般凶猛的坐骑。配置就是像这样令所有一切重生。

其实"配置"并不是陌生的概念，我们早已有够多"通过异质项目的特定排列化身成另一种存在"的经验。"男性—军服—枪—新兵训练中心"的配置，能让温顺的大学生转化为军人。同样，"女性—大学—情人—离别通知"这样的配置，能让纯真的女高中生转化为成熟的女人。我们就像这样，通过异质项目的"配置"来"生成"先前根本就难以想象的另一个存在。

你觉得"这辈子毁了"吗

曾有一阵子流行"这辈子毁了！"这种自嘲的说法，虽然是半开玩笑，但另一半却是认真的。因为当人生活得很痛苦费力时，就会产生想要放弃这辈子的念头，此时表现出的举措并非"绝望"，反而是"希望"也不一定。说不定这不是想放弃人生的"绝望"，而是奋力一搏，想要将扭曲的人生重新来过的"希望"。现在正是这种"绝望的希望"盛行的时代——想要"重置"毁掉的人生，想成为全新的存在。

德勒兹的"配置"替"绝望的希望"打开了全新的愿景。想要"重置"人生的欲望，就是"创作"欲望，就像原本有一张白纸（无），现在白纸已经变成一团乱，所以想要撕掉它，再拿一张全新的白纸。然而德勒兹的"生成"却不一样，诚如他所言，我们不会从"无"开始，而是"有"原本就已经存在，再从那个"有"发展出新的"有"，配置才会因此变得重要。原本早已存在的东西，会随着这些异质项目的配置，转化为截然不同的存在。

再问一次：这辈子都已经毁了，需要重置人生吗？并不是不能，而是没有必要！因为只要改变配置，就能成为不同的存在。一旦进入"到目前为止都与自己无关的异质项目配置"当中，就会转化为全新的存在。只要肯定现有的模样，同时组成不同的配置，我们也能成为截然不同的另一个存在。不管想要成为什么，或是想要什么样貌，都可以成真。这并非出自那些廉价的自我开发的书当中虚构的希望，对此，德勒兹曾在《差异与重复》中说："潜在并不会与实际对立，它只会对抗现实。进一步说，我们必须将潜在定义为构成实际对象的严肃部分。就像实际对象在潜在当中，拥有其中一个自己的部分一样。"

种子（实际性）＝核仁（现实性）＋花（潜在性）

简单来说就是"实际性＝现实性＋潜在性"，实际存在意味着包含了现实之外尚未发现的潜在性。我们常会相信"现实性"

就是"实际性"，会相信"我"这个存在（实际性）是一个找不到工作、分数不够好，还死气沉沉的存在（现实性）。这么说也不完全错，但根据德勒兹的说法，只对了一半。因为"实际性"包含的不仅是（已经显现的）"现实性"，还有（尚未显现于现实中的）"潜在性"。

若还是难以理解，就先想象一颗小小的种子。种子（实际性）只是一颗单纯的种子吗？难道它只是像表面上的形象（现实性）一般，是颗微不足道的小小核仁吗？不，在种子里面，早已具备了总有一天能绽放出的花朵（潜在性）。所以这可说是"种子（实际性）＝核仁（现实性）＋花（潜在性）"，种子的实际性就是如此。在实际性里面早已包含了潜在性，因此在某层面上看来，已经可以将种子称作是花了。

任何存在（实际性）除了表面上的形象之外，还具备了未来可以"生成"为不同物质的潜在性，因此我们想成为什么，就能成为什么。曾有一位朋友苦恼着是否要自杀。她跑来找我。她找不到工作，英语分数又很糟，凡事力不从心。她说自己"这辈子已经毁了"，考虑是否要自杀，她相信外在的"现实性"就是"实际性"，而没看到自己的"潜在性"，所以她是依据"我—考试—英文书"的配置而"生成"。

她后来不仅没有自杀，还脱离了力不从心的状态，现在的她成为一个坚强面对生活、充满朝气的人。就像种子要经过"好的土壤—雨水—阳光"的配置来成为漂亮的花朵，她也成为一位美丽的女性。她为自己组成新的配置："我—图书馆—佛教书籍"。她以前曾听人说过，当内心煎熬时，佛教可以给予心灵上的协助，于是她便开始前往图书馆阅读有关佛教的书籍。为了求生而奋力挣扎，因此组成了全新的配置，让她成为另一个人。现在的她在一间小公司工作，过着快乐的生活。

重置人生，才能拥有重新开始的希望

奎锡与美善也能通过配置成为另一个存在。喜欢电影的奎锡若可以用"我—电影—写作"来取代"我—英语补习班—补英文"的配置，就能转化为不同的存在。比起因为错过两个考题而放弃考试，他也许可以成为一个能持之以恒看电影写作的人。美善若能以"我—旅行—情人"取代"我—家里—父母"的配置，也能转化为另一个存在。比起熬夜擦拭鞋子上看不清楚的污渍，她也许可以成为一个能自在穿着鞋子行走的人。因为与热恋中的情人一起共度幸福时光时，她便不会再在意鞋子上的污渍。

就算不用"重置"人生，不，应该得说不必"重置"人生，我们也能成为另一个存在。若是"重置"了人生，那些组成配置的项目也会跟着消失。重点在于我们能否将那些至今与我们毫不相关，或令我们感到不适的异质项目连接组成全新的配置。说不定我们的潜在性一直隐藏着没有浮出表面，正是因为没有将目光转向被划分为异质的项目。

"绝望的希望"这个幽灵四处徘徊之时，就是我们该检视配置的时刻。"我"(实际性)虽然确实是现在呈现出的样子(现实性)，但同时也包含了尚未被人所知的样貌(潜在性)。可以让我们生成为另一个存在的潜在性，必须依靠配置才能实现。这就是我们必须跳出过于熟悉的配置，勇敢投入陌生项目配置的原因。只要通过"配置"，就能成为任何一切。

哲学家指南：德勒兹

我们很难单以"生成""配置"等几个概念来论述德勒兹的庞大思维，大多数的哲学家也是如此。但若那庞大并非为了成为庞大本身而存在，我们也只能靠着掌握一个个概念慢慢了解前进。因此，让我们再来了解一个德勒兹的核心概念："游牧主义"（nomadism）。

什么是"游牧主义"？先来了解一下定居者与游牧者的差异。定居者是指在固定场所生活的人，而游牧者是指不定居在同一个场所，会不断迁移到其他场所生活的人。重点是，此处说的"场所"并不一定意味着特定的空间。

举例来说，假设有个人认为："我主修的是工程学，根本就不需要了解哲学！"即使他像游牧者一样四处旅行，走访了再多的地方，都还是典型的定居者。反之，假使有人像定居者，从出生到死亡都只住在乡下的小村庄，从没离开过，但他却总是关心着并以全身碰撞来接受新事物，力求改变，那他就是一个游牧者。也就是说,我们可以将所谓的游牧主义定义为"不固定于同一价值、同一风格上,总是想要摆脱自己所在位置,以全新存在方式生活"。

通过游牧主义,我们可以理解德勒兹爱用的"再疆域化"(reterritorialization)与"去疆域化"(deterritorialization)的概念。若称"再疆域化"是定居者的心态,那么"去疆域化"就是游牧者的心态。并不会因为这些人是定居者,就老是待在同一个场所,他们偶尔也会离开,然而即使他们离开,还是无法成为游牧者,因为他们离开的目的是为了要"再疆域化"。定居者之所以会离开,只是为了想要开拓另一片新的疆域,定居在那里(再疆域化),因此矛盾的是,定居者都是为了安定才会离开。

游牧者就不同了,他们的心态一直都是"去疆域化",他们不会因为自己是游牧者,就总是在外飘荡。游牧者偶尔也会驻足于固定的场所,但他们的停留并非是为了要再疆域化,而是为了离开。从远处到来的游牧者偶尔会在绿洲停留几天,但不会安居于此,他们之所以会在绿洲停留,都是为了离开(去疆域化)。因此矛盾的是,游牧者都是为了要离开才会安定。

德勒兹非常强调这种游牧主义式的生活态度,我现在似乎能够明白个中道理。再回过头来思考一下德勒兹的存在论。他表示为了生成存在，会需要将异质项目连接起来"配置"，除了我们的"现实性"以外，原本早已存在的"潜在性"也会在这个过程中浮现，让我们得以成为全新的存在。然而这里出现了一个严重的问题：我们总是不愿意跳出原本熟悉的配置。

无论是学校、公司、私人聚会，哪里都好，看一看身边的人吧。他们都不打算要摆脱原本熟悉的环境。在学校里，没有人想要改变先前决定好的主修；在公司里，没有人想要尝试接触自己工作之外的其他业务；在私人聚会中又是如何？比起去认识新朋友，应该是去找自己熟稔自在的朋友吧？不管是在哪里，大家求的都是安定。

虽然"配置"分明能让我们成为全新的存在，但即使知道这项事实，要改变却没那么容易。为什么？因为我们的生活态度就和定居者一样，总是想要熟悉的配置（尽管知道它会让我们陷入不幸），想要停滞在那里。正因我们拒绝了新的配置，才一直无法发掘自己的潜在性，所以我们总是相信只有现实性才是实际性。

在我们的体内，埋藏了一块名为潜在性的宝石，唯有过着游牧生活的人才能看见它耀眼的光芒，因为只有在游牧者身上，"潜在性"才会变成"现实性"。"配置"让我们看见全新的人生愿景。然而若没有以"游牧主义"的生活态度作为前提,"配置"也只能沦为空谈。唯有抱持随时想要去疆域化的游牧主义生活态度,才有办法组成新的"配置",才得以成为新的存在。因此德勒兹才会如此强调"游牧主义"。让我们过着游牧般的生活吧,为了配置,为了那个全新的自己!

后　记
不经意学到的西方哲学史

各位觉得"生活哲学"如何呢？希望它能带给你们更健康、更快乐的生活。在看完最后一篇，准备要合上书之前，我要告诉你们一个隐藏在这本书里的小秘密——其实各位早已经在不知不觉间学到了西方哲学史。准确来说，是学到了从近代到后近代（现代）期间的西方哲学史。从笛卡儿到德勒兹，可说是简单地学完了西方哲学史的主要哲学家和他们的思维。

老实说，这本书最初的企划其实是西方哲学史，但我不想将这个意图表现得太明显。我看过的西方哲学史相关书籍，每一本都生硬又了然无趣，在我这"哲学宅"眼中看来也是如此，所以我想将哲学家的概念与生活做联结，让各位在这个过程中自然学到哲学史的动向。

或许有人会感到惊讶。我不是说"生活"比"知识"重要吗？而且还说过比起"理论哲学"，我更倾向"感情哲学"和"实践哲学"，也就是"生活哲学"，不是吗？到目前为止的内容也是如此。书中阐述了一位哲学家与他的概念是如何与我们的生活相互联结，并从这个过程中获取具体的实际生活技能。了解哲学史，也就是掌握哲学家们与其概念的历史动向，在这过程中能带给我们什么帮助呢？乍看之下，哲学史钻研的重点看似不在"生活"而是"知识"，但哲学史其实与哲学家以及他们的概念一样，对我们的人生都有具体且实际上的帮助。

人生是怎么变化的？是透过"概念转换"产生变化。那么概念转换又是什么？它代表我们坚定的概念（想法、既定观念、偏见、成见、理念等）中出现了缝隙，并且在缝隙中形成了新的概念。改变我们生活的"概念转换"，就是出于某位哲学家的概念。例如斯宾诺莎的"自我完善力"、维特根斯坦的"语言游戏"、德勒兹的"配置"等，这些哲学让我们现有的概念产生缝隙，使新概念在缝隙中扎根。我们的人生就是这么变化的。

哲学史是由这些个别的"概念转换"汇集形成的巨大潮流。斯宾诺莎在笛卡儿的哲学中找到缝隙，德勒兹在拉康的哲学中找到缝隙，并在那之中扎根形成新概念。学习哲学史其实就像是在观赏巨大的"概念转换"洪流一般。在远处观望巨大"概念转换"发生的我们，又会出现什么变化呢？

我们会领悟到自己现在拥有的概念并非一成不变的真理，而是随时都可能会出现缝隙，并且在缝隙中可能会有新概念进入。从这个角度来说，在我们人生中很难找得到比哲学史更能派上用场的"知识"了。我们的不幸是源自相信某些概念是一成不变的真理。"爱情就是这样！"这一成不变的概念，常常让我们错过新恋情。"工作就是这样！"这一成不变的概念让我们困于令人厌倦的工作当中。

这些被真理化的概念导致我们不幸。此时能够救助我们的就是"哲学"和"哲学史"。若说"哲学"就是某位哲学家与他的概念引领我们进行概念转换，"哲学史"就是让我们得以接受这种概念转换的内在基础。唯有哲学和哲学史合力，才能在坚定的现有概念中钻出缝隙，引导概念的转换。虽然"生活"确实比"知识"更加重要，但希望各位不要忘记，若没有"知识"，"生活"就不可能出现改变。

这就是我偷偷将哲学史穿插于哲学家与概念之间的用意。我想在本书结尾之前，告诉各位"知识哲学"其实就和"生活哲学"一样重要。希望各位能借由"生活哲学"与"知识哲学"，不断地在现有的概念中钻缝，并让新的概念在缝隙中形成。若各位能做到这点，未来将会展开一段全新的人生——送走过去的"我"，遇见全新的"我"。

这种人生不正是幸福人生的写照吗？送走旧爱，展开新恋曲的生活，就像是幸福人生一般。我会替各位加油打气，希望你们能够借由哲学和哲学史，开创比昨天更健康、快乐、幸福的人生。虽然这本哲学书在此要告一段落，但我希望你们的"哲学"能够继续下去。总有一天，我们各自的"哲学"将能在某个交叉点相会。谢谢各位耐心看完我的长篇大论。